国家自然科学基金面上项目（编号 52078112）资助成果

永恒的桃花源

从自然空间范式到主题住区环境

The Eternal Peach Blossom Land

From the Spatial Paradigm of Nature to the Theme Residential Environment

傅文武　杨　靖　著

东南大学出版社
SOUTHEAST UNIVERSITY PRESS
·南京·

图书在版编目（CIP）数据

永恒的桃花源：从自然空间范式到主题住区环境/傅文武，杨靖著. --南京：东南大学出版社，2024.12.
ISBN 978-7-5766-1855-6

Ⅰ. TU-0

中国国家版本馆CIP数据核字第20240P2V20号

责任编辑：顾晓阳　责任校对：张万莹　封面设计：余武莉　责任印制：周荣虎

永恒的桃花源：从自然空间范式到主题住区环境
YONGHENG DE TAOHUAYUAN：CONG ZIRAN KONGJIAN FANSHI DAO ZHUTI ZHUQU HUANJING

著　　者：傅文武　杨　靖
出版发行：东南大学出版社
出 版 人：白云飞
社　　址：南京四牌楼2号　邮编：210096
网　　址：http：//www.seupress.com
电子邮件：press@seupress.com
经　　销：全国各地新华书店
印　　刷：江苏凤凰数码印务有限公司
开　　本：700 mm ×1 000 mm　1/16
印　　张：14.25
字　　数：308 千字
版　　次：2024 年 12 月第 1 版
印　　次：2024 年 12 月第 1 次印刷
书　　号：ISBN　978-7-5766-1855-6
定　　价：68.00元

内容摘要

通过回溯中国传统理想场所空间“桃花源”的形成、流变与发展，厘清“桃花源”作为一种重要的空间范式的建筑学意义，并探讨其导向的具体设计策略，之后思考在这种范式的基础上展开当代住区演绎设计的可能性。

本书主要包含上中下三篇：上篇是对桃花源作为一个自然空间范式的思考，通过探讨原初桃花源的形成、桃花源在时空上的演变与内涵的“异变”，以及其不变的本质内涵，发掘出桃花源的建筑学意义；中篇基于当代与桃花源相关的建筑、艺术、文学、聚落实践，以及与桃花源类似的理想人居环境的设计分析，反思并借鉴其设计策略；下篇是对桃花源作为未来理想住区的可能性的思考，从流动的现代性出发，思考桃花源对人身体和心灵的锚固作用，从共同体角度提出了“主题型住区”这一全新的设计理念，并以教学设计为例展开了深入探索，发掘主题型住区的多元作用。

目 录

中篇 桃花源作为建筑设计策略

下篇　桃花源作为主题住区环境

桃花源记

【晋】陶渊明

晋太元中，武陵人捕鱼为业。缘溪行，忘路之远近。忽逢桃花林，夹岸数百步，中无杂树，芳草鲜美，落英缤纷。渔人甚异之，复前行，欲穷其林。

林尽水源，便得一山，山有小口，仿佛若有光。便舍船，从口入。初极狭，才通人。复行数十步，豁然开朗。土地平旷，屋舍俨然，有良田、美池、桑竹之属。阡陌交通，鸡犬相闻。其中往来种作，男女衣着，悉如外人。黄发垂髫，并怡然自乐。

见渔人，乃大惊，问所从来。具答之。便要还家，设酒杀鸡作食。村中闻有此人，咸来问讯。自云先世避秦时乱，率妻子邑人来此绝境，不复出焉，遂与外人间隔。问今是何世，乃不知有汉，无论魏晋。此人一一为具言所闻，皆叹惋。余人各复延至其家，皆出酒食。停数日，辞去。此中人语云：『不足为外人道也』

既出，得其船，便扶向路，处处志之。及郡下，诣太守，说如此。太守即遣人随其往，寻向所志，遂迷，不复得路。

南阳刘子骥，高尚士也，闻之，欣然规往。未果，寻病终。后遂无问津者。

桃花源诗

【晋】陶渊明

嬴氏乱天纪，贤者避其世。
黄绮之商山，伊人亦云逝。
往迹浸复湮，来径遂芜废。
相命肆农耕，日入从所憩。
桑竹垂馀荫，菽稷随时艺；
春蚕收长丝，秋熟靡王税。
荒路暧交通，鸡犬互鸣吠。
俎豆犹古法，衣裳无新制。
童孺纵行歌，班白欢游诣。
草荣识节和，木衰知风厉。
虽无纪历志，四时自成岁。
怡然有馀乐，于何劳智慧！
奇踪隐五百，一朝敞神界。
淳薄既异源，旋复还幽蔽。
借问游方士，焉测尘嚣外？
愿言蹑清风，高举寻吾契。

引言

对于“桃花源”研究的兴趣，肇始于2021年从图书馆借阅的一本小说——格非的《人面桃花》。书中描绘的花家舍，是一个对于桃源世界的全新想象；格非通过细致的场景空间、建筑细节的描绘，展现出了自己对于桃花源的新理解。事实上，他的“江南三部曲”①正是展现出了他对于桃花源多元意义的思考。不过，这种多元化的理解也在文学界受到了一些学者的非议②。然而，尽管格非的小说中大量以“桃花源”来描述理想世界，评论者们却更钟爱以“乌托邦”作为论述话语来讨论格非的三部曲中对于“理想”理解的变化。

那么，这就引出了一系列问题——桃花源和乌托邦之间是否存在话语内涵的差别？对于桃花源的多元理解是否有其产生的历史渊源？不同的桃源理解背后，是否存在着恒常不变的本质，从而保证其桃花源话语的内在连续性？更进一步，这种对于桃花源本质的发掘，能否为我们当下的理想空间实践提供新的

① 格非的“江南三部曲”由三本书组成，分别是《人面桃花》、《山河入梦》和《春尽江南》。三本书独立成篇又有所关联，是一个家族三代人的故事，涵盖了从清朝末年到当今之世这一百多年的历史。

② 参见：姚晓雷．误历史乎？误文学乎？——格非《人面桃花》等三部曲中乌托邦之殇[J]. 文艺研究，2014(4)：5-13.

启发？诸多疑问的出现，勾起了我们深入探索桃花源的欲望。

当我们回顾现有建筑学科中对于“桃花源”的研究，可以发现尽管相关论文数量较多，但它们大多聚焦于桃花源景区、桃花源住区，或是桃源文化对风景园林的影响，还有很大一部分只是将“桃花源”作为理想空间的代名词，并未真正聚焦于“桃花源”本身。总的看来，在现有的大部分研究中，桃花源被预设成为陶渊明笔下固定不变的理想空间形象——文本和作者被紧紧地绑定在了一起。

然而另一方面，我们也能看到，一些学者（包括石守谦、郑文惠等学者[①]），正通过他们的研究，来提示我们桃花源概念所具有的历史性与地域性转变。他们通过对桃花源相关的文献、图像的研究，开始关注到这一现象——在历史发展中，桃花源逐渐与它的作者解绑，并根据时代的需要被解构或操作以赋予其全新意义，来满足当时人们对于理想空间的想象。

基于此，本书最重要的工作，便是去发掘这些“变化”背后的“不变”[②]。要达成这一目标，我们必须首先对陶渊明笔下原初的桃花源，以及陶渊明本人的思想展开深入的研究。幸而前人在这些方面已经做出诸多努力[③]，本书的任务只是将古今学者的观点进行系统化的梳理，从而为本书的思考提供坚实的理论基础。而这些“不变”对于当今建筑学的重要意义，则在东南大学四年级住区设计教学实践中得到了初步的探索。

---

① 关于桃花源内涵变化的主要著作，可以参见石守谦的《移动的桃花源：东亚世界中的山水画》一书以及郑文惠的《乐园想象与文化认同——桃花源及其接受史》一文；本书的相关部分内容也很大程度上受到了这两位学者观点的启发和影响。

② 对桃花源“不变”的内在本质的初步探讨，可参见：FU Wenwu. Peach Blossom Land：Symbolic Forms of Ideal Space Analogized from Nature[C]// The Architectural Society of China. Proceedings of 13th International Symposium on Architectural Interchanges in Asia. Beijing：China Architecture Publishing & Media Co. Ltd，2022：583-589.

③ 相关的重要著作包括袁行霈《陶渊明研究》、陈寅恪《陶渊明之思想与清谈之关系》、容肇祖《魏晋的自然主义》、龚斌《陶渊明年谱考辨》等。

本书取名“永恒的桃花源”，事实上源自石守谦的“移动的桃花源”。只是依笔者看来，“永恒”是桃花源的根本性特质，而“移动”只是这一特质的表现形式——在桃花源概念的不断“移动”之中，体现的是其内在的、关乎“自然”的永恒本质。

另外，关于“桃花源”的翻译，现今主要有“Peach Blossom Spring”和“Peach Blossom Land”两种译法。笔者认为“桃花源”字面义是“桃花溪流源头之地”，而“Peach Blossom Spring”易产生“桃花泉”的歧义[1]，从而容易导致外国学者将重点转移到“水”上，因此本书取后者之译名。

① Spring 有“源泉、根源”的含义，但即使是“Peach Blossom Spring”，也容易被理解为桃花的根源，令外国人不明所以。

上篇

桃花源作为『自然』空间范式

本篇将带领读者深入“桃花源”的世界，了解桃花源是如何形成的，其概念经历了什么样的发展与变化，并从哲学视角发掘其中不变的内涵——一种关乎“自然”的空间范式。

第1章 原初的桃花源

1.1 乱世中的想象

在人们一般性的理解中，“桃花源”是作为一个中国式理想社会的范本而存在的。这种理解一方面源于陶渊明（365或372或376—427）在《桃花源记》和《桃花源诗》中对于美好场所和社会生活的生动描绘，另一方面也基于人们对彼时动荡不安的时代背景的想象，以及由之形成的强烈对比和现实性观照。因此，重新回溯当时的社会状况，是研究桃花源最基本的一项工作。

1.1.1 纷乱的时代

陶渊明生活的时代，正值东晋与刘宋朝代更替的时代——社会空前动荡、人民生活极度不安定、吏治相当腐败、统治者对被统治者的剥削更达到了前所未有的残酷程度[①]。

① 刘刚．陶渊明“桃花源”社会理想新论 [J]. 鞍山师范学院学报，2000（1）：21-28.

1. 政治格局

东晋的政治格局本就极不稳定。东晋是永嘉南渡后，司马睿（276—323）在南北世家大族支持下建立起来的政权。由于东晋司马氏在政治上的威望并不高，所以朝廷往往由世族把持，而世家大族也并不真正忠于司马氏，他们本身都拥有大量田地和部曲，有实力抗衡司马氏。

东晋初年，出身琅琊王氏的权臣王敦发动暴乱，从晋元帝永昌元年（322 年）一直持续到晋明帝太宁二年（324 年）；东晋成帝年间，历阳内史苏峻发起，并联合镇西将军祖约进攻建康，史称“苏峻、祖约之乱”，从咸和二年（327 年）持续到咸和四年（329 年）。而在陶渊明生活的年代，暴乱也时常发生。东晋末年，宗室司马道子专权，隆安二年（398 年），镇守京口的王恭和荆州刺史殷仲堪及桓温之子桓玄等人相继起兵反抗，史称“桓玄之乱”；义熙年间，汉人谯纵在蜀地建立政权，史称“谯蜀”，因蜀地战略位置十分重要，因此在谯蜀立国的九年间战乱不断，直至 413 年东晋军攻进成都，谯蜀灭亡；义熙十四年十二月戊寅日（419 年 1 月 28 日），刘裕杀晋安帝司马德宗，以帝弟琅琊王司马德文嗣，是为恭帝。次年改元元熙。元熙二年（420 年）六月，刘裕称帝，降晋帝为零陵王，东晋灭亡；改国号为“宋”，改元永初，史称“南朝宋”或“刘宋”。①

总之，在东晋一百多年间，政治格局始终处在不断的变动之中，在这种社会背景下，安居乐业自然成为人们的一种奢望。

2. 阶级剥削

除了政治集团内部的不稳定所导致的时代变动，统治阶级对平民阶级的残酷剥削也是导致社会纷乱的重要原因。

汉魏之际逐步形成并在西晋正式确立了门阀士族制度：魏晋“九品官人法”实行之后，逐渐出现了所谓“上品无寒门，下品无士族”的情况，保证了门阀的政治特权；而“九品中正制”是门阀制度形成的主要关键，这一制度保证了门阀

① 历史事件参见：〔汉〕司马迁，等撰．曲梨，编注．二十五史 [M]. 呼和浩特：内蒙古人民出版社，2003.

贵族在政治上永远享有特权——占田制和荫客荫户制使士族占有大批田地，免除赋役，庇荫亲属，并且能够奴役众多劳动者。① 而“百姓流离，不得保其产业”（《宋书·武帝纪》），剥削者的富有豪华与农民的贫困饥寒形成了鲜明的对比。在一些研究者看来，“魏晋南朝门阀士族是在封建大土地所有制不断发展，奴隶制残余又顽固地存在的情况下，由于当时农民革命尚处于初级阶段，地方上豪强割据，战乱频繁，中央政权衰弱而产生的，是封建大土地所有制与奴隶制残余的有机结合。②”

具体看来，当时人们的租税压力极大。在《宋书·徐豁传》中记载，年满 13 岁的人尚无法承受劳作的辛苦，却已经要开始纳成人一半的税，这就导致人们年满 13 岁便逃离出境，甚至出现了自残身体或者抛弃孩子以减轻赋税的情况③。

除了严苛的赋税之外，频繁的徭役进一步弱化了生产力水平，并且加剧了生活的苦难。《晋书·范汪传》中记载：

古者使人，岁不过三日④，今之劳扰，殆无三日休停，至有残刑翦发，要求复除，生儿不复举养，鳏寡不敢妻娶。岂不怨结人鬼，感伤和气。⑤

在陶渊明的家乡江州（其出生地浔阳柴桑原属荆州），上述状况显得愈发严峻。《宋书·武帝纪》中记载：“此州（江陵，即荆州）积弊，事故相仍，民疲田芜，杼轴空匮。加以旧章乖昧，事役频苦，童耄夺养，老稚服戎，空户从役，或越绋应召。”《晋书·刘毅传》也记载：“……所统江州，以一隅之地当。逆顺之冲，至乃男不被养，女无匹对，逃亡去就，不避幽深，自非财殚力竭，无以至此。”在《宋书·荆雍州蛮传》中，更是记载了人们为避赋役而逃亡入蛮的情况：“宋民赋役严苦，贫者不复堪命，多逃亡入蛮。”⑥

---

① 唐长孺．魏晋南北朝隋唐史讲义 [M]．北京：中华书局，2012：199-206.

② 汪征鲁，郑达炘．论魏晋南朝门阀士族的形成 [J]．福建师大学报（哲学社会科学版），1979(2)：88-93.

③〔南北朝〕沈约．宋书 [M]．武殿英本（1739 年）：卷九十二．

④ 《人谋下·子卒篇》有言：“经曰：古者，用人之力，岁不过三日，籍敛不过什一。”

⑤〔唐〕房玄龄．晋书 [M]．武英殿本 (1739 年)：卷七十五．

⑥〔南北朝〕沈约．宋书 [M]．武英殿本 (1739 年)：卷九十七．

除了被动地逃离严酷的社会环境，也有社会底层阶级主动发起的反抗。东晋末年，由于地方割据，中央政府实际控制的地区只限于三吴地区。这里南北士族田园别墅最集中，封建剥削最严重，因此农民的负担格外沉重。隆安三年（399 年）开始至元兴元年（402 年）以后，孙恩（？—402）和卢循（？—411）领导了农民反晋斗争，这是东晋南朝时期规模最大、历时最长的一次农民起义，坚持斗争长达十二年之久。起义虽最终失败，但却对东晋门阀士族造成了沉重打击。这次起义也迫使刘裕采取一些减轻人民负担和抑制豪强大族的措施，从而为刘宋初期江南经济的繁荣创造了有利条件[①]。

社会愈是动荡，人们愈是企盼安定和平；生活愈是艰难，人们愈是憧憬丰衣足食；阶级压迫愈是惨烈，人们愈是渴望平等自由。正是人民的这些强烈的追求和迫切的愿望，引发了进步思想家的思考，促使陶渊明创构了他的理想社会——桃花源。[②]

1.1.2 陶渊明的人生境遇

陶渊明，名潜，字元亮，别号五柳先生，私谥靖节，世称靖节先生，是东晋末到刘宋初杰出的诗人、辞赋家、散文家。

陶渊明的一生可谓不幸：他出生在一个没落的士宦家庭，八岁时父亲去世，十二岁庶母辞世，后与生母孟氏以及同父异母的胞妹程十妹相依为命。又中年丧妻，后续娶翟氏，共育有五个儿子。陶渊明一生先后出仕五次：第一次起为江州祭酒，第二次入桓玄军幕，第三次为镇军参军，第四次为建威参军，第五次任彭泽县令（陶渊明具体年谱可参见“附录二”）。

陶渊明最终选择了隐居，这“既有当时社会、政治等方面的原因，又有儒、道两家思想与传统隐逸文化的深刻影响，更是魏晋隐逸文化的产物”[③]。辞官归隐后仅靠“方宅十余亩，草屋八九间”（《归园田居（其一）》）勉强度日，并躬耕田园长达二十三年；而且，作为文人的陶渊明本身缺乏耕作的技术修养，

① 田余庆，周一良．中国大百科全书 三国两晋史 [M]. 北京：中国大百科全书出版社，2012：85.

② 刘刚．陶渊明“桃花源”社会理想新论 [J]. 鞍山师范学院学报，2000(1)：21-28.

③ 邓安生．从隐逸文化解读陶渊明 [J]. 天津师范大学学报（社会科学版），2001(1)：51-57.

结果常常是“种豆南山下，草盛豆苗稀”（《归园田居（其三）》）；加之家中还有老弱妇孺需要赡养抚养，“幼稚盈室，瓶无储粟”（《归去来兮辞》序）于是成了生活的常态。

在《怨诗楚调示庞主簿邓治中》一诗中，诗人总结了自己半生的艰苦遭遇：

天道幽且远，鬼神茫昧然。结发念善事，僶俛六九年。弱冠逢世阻，始室丧其偏。炎火屡焚如，螟蜮恣中田。风雨纵横至，收敛不盈廛。夏日长抱饥，寒夜无被眠。造夕思鸡鸣，及晨愿乌迁。在己何怨天，离忧凄目前。吁嗟身后名，于我若浮烟。慷慨独悲歌，钟期信为贤。①

“弱年逢家乏，老至更长饥。”（《有会而作》）这种缺衣少粮的境地到了其晚年变得愈发严峻，以至于陶渊明只能向朋友寻求救济。在《乞食》一诗中，他如此写道：

饥来驱我去，不知竟何之。行行至斯里，叩门拙言辞。主人解余意，遗赠岂虚来。谈谐终日夕，觞至辄倾杯。情欣新知欢，言咏遂赋诗。感子漂母惠，愧我非韩才。衔戢知何谢？冥报以相贻。②

在他人看来，其境况已经到了近乎悲惨的地步。

对此，王维也不无揶揄地评价道：“近有陶潜，不肯把板屈腰见督邮，解印绶弃官去。后贫，《乞食》诗云‘叩门拙言辞’，是屡乞而多惭也。尝一见督邮，安食公田数顷。一惭之不忍，而终身惭乎？此亦人我攻中，忘大失小，不鞭其后之累也。”（《与魏居士书》）王维的“吏隐”③之路固然有其可取之处，不过我们不能因此而否定陶渊明安贫乐道、恣意随性的生活方式。

---

①〔晋〕陶渊明，著．袁行霈，解读．陶渊明集［M］．北京：国家图书馆出版社，2020:82.

②（晋）陶渊明，著．袁行霈，解读：陶渊明集［M］．北京：国家图书馆出版社，2020:78-79.

③“吏隐”谓不以利禄萦心，虽居官而犹如隐者。吏隐之人在能够保证良好的生活条件的基础上追求精神的发展。

不过，陶渊明绝非随意乞食，面对谋朝篡位之徒檀道济所馈赠的粱肉，他毅然决然地“麾而去之”（参见附录二 424 年及 426 年），即表现出了他的高风亮节：对于不愿意见的人、不愿意做的事，宁可饿死，也不肯丝毫迁就。

1.1.3 何时作出桃花源

《桃花源记》和《桃花源诗》中并未注明写作的具体时间，因此有关这一问题无法给出一个准确的答案。不过，一些学者通过文本反映的内容、文中的一些细节，以及不同文本间的相互关系，尝试做出了解答。

按中国古文献专家逯钦立（1910—1973）校注的《陶渊明集》中所言：

清姚培谦（1693—1766）《陶谢诗集》引翁同龢（1830—1904）曰：“义熙十四年，刘裕弑杀安帝，立恭帝，逾年，晋室遂亡。史称义熙末，潜征著作佐郎，不就。桃花源避秦之志，其在斯时欤？”逯按《桃花源记》为作者从事耕田之晚年作品，今依翁说系于本年。[①]

也就是说，逯钦立根据清人的分析，结合《桃花源记》中描绘的田园生活内容，将文本写作的时间定在了晋末宋初。

赖义辉在《陶渊明生平事迹及其岁数新考》一文中，则通过文本中纪年的表述方式，进一步肯定了上述观点。他通过陶渊明在其他诗文中的表述习惯，发现“晋太元中”应该是晋亡入宋以后的表达；不过，也有不符合这一情况的例子，比如陶渊明的《祭程氏妹文》，赖义辉分析认为这篇文章采用的是祭文中标注年号的惯例，所以与陶氏的表述习惯不同，因而不能作为反例[②]。

事实上，类似的观点早在南朝梁时就已有所提及，在萧统（501—531）所作的《陶渊明传》中，有这样的句子：“（陶渊明）所著文章，皆题其年月，义

①〔晋〕陶渊明，著．逯钦立，校注．陶渊明集 [M]. 北京：中华书局，1979:286.

②〔宋〕王质，撰．许逸民，校辑．陶渊明年谱 [M]. 北京：中华书局 ,2006:334-382.

熙以前，则书晋氏年号；自永初以来，唯云甲子而已。”[①]

陈寅恪在《桃花源记旁证》中提出：“渊明《拟古》诗之第二首可与《桃花源记》互相印证发明。”[②]中国中古文学研究的开拓者王瑶（1914—1989）认为《拟古》诗作于宋永初二年（421年），“《桃花源记并诗》当也是同时所作”。

袁行霈根据前人的研究，认为“兹姑系于宋永初三年壬戌（422年），以待详考。[③]”

总之，《桃花源记》和《桃花源诗》创作于晋末宋初的观点得到了普遍的认可，只是究竟具体到永初二年（421年）还是永初三年（422年），抑或是其他相近的年份，就只能依靠未来更多文献或历史证据的发现了。

---

① 萧统曾编撰过《陶渊明集》，并为之序，《陶渊明传》由此而来。但事实上，陶渊明不独入宋后的作品只以甲子纪年，在晋代的也只以甲子纪年；后代读者之所以普遍认同陶渊明入宋以后作品只书甲子，是因为宋末、明末的文人希望效仿陶的“甲子纪年”，以寄托对新朝的反抗、忠愤之情。

② 陈寅恪．金明馆丛稿初编[M]．北京：生活·读书·新知三联书店，2001:199.

③〔晋〕陶渊明，著．袁行霈，解读．陶渊明集[M]．北京：国家图书馆出版社，2020:276.

1.2　避世处还是神仙所

有关《桃花源记》和《桃花源诗》所描绘的主旨究竟是避世之地还是神仙居所，向来众说纷纭。

唐代诗人王维的《桃源行》，是描绘桃花源作为神仙居所的最为典型的文本，极富浪漫主义色彩："初因避地去人间，及至成仙遂不还……春来遍是桃花水，不辨仙源何处寻。"①

北宋王安石（1021—1086）亦有一首《桃源行》，然而他的《桃源行》与王维的版本恰好相反，洗削了桃源传说的神仙色彩，而着眼于历史的兴亡，展示出一个真实存在的人间世界，具有强烈的现实主义色彩："避时不独商山翁，亦有桃源种桃者……儿孙生长与世隔，虽有父子无君臣……重华一去宁复得，天下纷纷经几秦。"②

除此之外，韩愈（768—824）在《桃源图》中的表述"神仙有无何渺茫，桃源之说诚荒唐"，苏轼的《和桃源诗序》中认为"世传桃源事，多过其实"，桃花源并非仙境，"天地间若此者甚众，不独桃源"。

清人翁方纲（1733—1818）在《石洲诗话》中对于这些争论是这样总结的：

> 古今咏桃源事者，至右丞（王维）而造极，固不必言矣。然此题咏者，唐宋诸贤略有不同。右垂及韩文公（韩愈）、刘宾客（刘禹锡）之作，则直谓成仙，而苏文忠（苏轼）之论，则以为是其子孙，非即避秦之人至晋尚在也。此说似近理。③

① 陈寅恪．金明馆丛稿初编［M］．北京：生活·读书·新知三联书店，2001：199.

②〔晋〕陶渊明，著．袁行霈，解读．陶渊明集［M］．北京：国家图书馆出版社，2020：276.

③（清）翁方纲．石洲诗话［M］．清粤雅堂丛书本（1768 年）：卷一．

以这一论断为基础，我们可以对陶渊明的《桃花源记》和《桃花源诗》展开更为仔细的辨析，从而厘清原初的桃花源究竟是何所指。

1.2.1 避世处而非神仙所

1.《记》与《诗》乃一个整体

“桃花源”概念出自陶渊明所著的《桃花源记》和《桃花源诗》（本节中简称《记》和《诗》），其中最广为人知的当属《桃花源记》。

然而，这一文本首先作为《桃花源诗》的序出现，之后随着“记”影响力的逐渐增强，导致在后世的各种文集中“桃花源记（并诗）”逐渐取代了原始的“桃花源诗（并序）”，这在以诗歌为主要文体的中国古代文学中实属罕见①。不过，可以基本认定的是，《记》和《诗》是陶渊明对于同一个桃源意象不同侧重点的描绘，《记》侧重于渔人偶遇桃源后返而不复的过程，《诗》则侧重于桃花源内部人们的生活形态，两者互相补充才能呈现出完整的原初桃花源意象。正如古文献专家逯钦立所言:“这部作品由两个有机部分构成一个艺术整体:用散文进行描写，用诗歌进行歌赞，有说有唱地完成整个故事。”②

不过，也有部分学者认为《记》和《诗》应当分开讨论，如按旧例把《记》和《诗》放在一起，会影响《记》的文学价值，因为“文学界向来所批评的《桃花源记》的复古主义和宗教迷信思想主要表现在《诗》里”，认为《记》已把作者的“幽思寄寓，风情逸趣”“表现无余了”，如果再把《诗》跟《记》放在一起，《诗》便成了“尾大不掉”的赘疣③。不过，这些观点过于偏颇，并未得到其他学者们的认可。

① 田瑞文．从《桃花源记》的版本流变看其文体归宿 [J]. 新世纪图书馆，2009(4):56-58+17.

②〔晋〕陶渊明，著．逯钦立，校注．陶渊明集 [M]. 北京：中华书局，2018:183-186.

③ 雒江生．略论《桃花源记》与系诗的关系 [J]. 文学遗产，1984(4):39-42.

2. 现有文本的误读

浏览《记》和《诗》的整体内容，我们极易建立起“桃花源”描绘了一个和谐、“无政治力”的田园社会的基本印象。然而，一些对于文本内容的不确定性解读也会导出陶渊明描绘的是一个神仙世界的错误结论，争论的焦点主要集中在两处：

一处是《记》中的“男女衣着，悉如外人”中的“外人”。《记》中“外人”共出现了3次，分别是“悉如外人”中的“外人”、“遂与外人间隔”中的“外人”，以及“不足为外人道也”中的“外人”。后两者不存在争议，指“桃花源外的人”无疑；而在袁行霈的《陶渊明集笺注》和人教版中学语文教材的课文注释中，“悉如外人”中的“外人”也被赋予了“桃花源以外的世人”的含义。对此诸多学者表达了反对意见，不过也有一些学者试图维护教材中的释义，由此还造成了很长时间的学术论争①。

然而，当我们将《记》和《诗》视作一个整体时，“悉如外人”中的“外人”便毫无争议了。由于桃花源中的人“俎豆犹古法，衣裳无新制”，所以他们的装束保留了古制，而桃花源外部人们的服装却在不断发生变化。当身着东晋服装的渔人意外来到桃花源之后，自然会觉得这些装束奇怪的人“悉如外人”②，也就是“就像世外之人一样”，其中的“世外之人”指的就是“不同于渔人所处时代环境的人”，至于他们究竟是“外地人”“外族人”“外国人”甚至是“尘外之人”（即仙人），这些讨论都没有意义。这种观点能够契合《记》和《诗》的表述，并且符合现实逻辑，应当是最为合理的解释。

另外，有的研究试图将“衣着”视作动词，将这句话的意思理解成桃花源中的男男女女都和外面的人一样穿着衣服③，使得这句话变成了《记》中的一句废话，那便更是无稽之谈了。

---

① 对于这一论争的具体讨论，可以参见：谭定德．“衣着”新解——《桃花源记》“男女衣着，悉如外人”争论述评 [J]. 贵州教育学院学报，2009，25(8):77-81.

② 王维理．也谈《桃花源记》与系诗的关系 [J]. 重庆师院学报（哲学社会科学版），1986(3):62-64.

③ 谭定德．“衣着”新解——《桃花源记》“男女衣着，悉如外人”争论述评 [J]. 贵州教育学院学报，2009，25(8)：77-81.

另一处争议是《诗》中的“奇踪隐五百，一朝敞神界”中的“神”字。对于这个字，有“神奇”和“神仙”[①]两种解释。然而，脱离上下文结构的过分解读并不可取，在词汇的某个意义能够使整个文本内容保持连贯时，我们不应为其做出过于偏离性的诠释进而为整个文本附加新的内涵。在《诗》中描绘的都是桃花源人日出而作、日落而息的生活场景，这显然不是“神仙”生活应有的面貌；况且上下文的描绘中并未呈现任何仙境的内容或要素，因而“奇踪隐五百，一朝敞神界”中的“神”字被理解为“神仙”的做法纯属望文生义，绝不可取。

3. 文本的本义

事实上，当我们回归到两个文本的本体，就能真切地感受到作者对于田园生活的真实性描绘，这本身就已经脱离了神仙生活的虚构属性。

“相命肆农耕，日入从所憩”是日出而作，日落而息；

“桑竹垂馀荫，菽稷随时艺。春蚕收长丝，秋熟靡王税”是年岁交替中对自然节气的顺应；

“土地平旷，屋舍俨然，有良田、美池、桑竹之属。阡陌交通，鸡犬相闻。其中往来种作”，这就是“桃花源人”最基本的生活形态。

“桃花源”与田园生活是紧密捆绑在一起的，于陶渊明而言，这种“桃花源”是作为一种现实的生活方式而存在的。

“陶渊明的田居生活决非一般的‘田父’农夫的生活，因为他那理想的生活状态表现出了一种近乎伟大的‘艺术品’的品质”，那“是一种高度文化化、审美意趣化的‘诗意地栖居’”，这种生活方式是“超世不绝俗”的[②]。

清代的方堃在《桃源避秦考》中也提出，《桃花源记》运用了“藏名于文”的语言技巧，将“陶渊明”三字隐含其中，从而将自身对于田园生活的体悟浸润在了文本之中：

---

① 雒江生．略论《桃花源记》与系诗的关系 [J]. 文学遗产，1984(4)：39-42.

② 高原．论“桃花源”理想作为现实的生活方式 [J]. 河西学院学报，2009，25(1)：26-30.

考《博异记》以桃花神为陶氏，则篇中夹岸桃花，盖隐言“陶”，沿溪水源，盖隐言“渊”，小口有光，盖隐言“明”。渊明旷世相感，故述古以自况，谓之寓言可也，谓之为仙幻不可也。夫渊明天资高朗，其学几于大贤，为东晋一代人物。[①]

因此，在原初意义上，桃花源描述的就是一个田园诗一般的理想生活空间，绝非仙境。

1.2.2　难以避免的神话意味

虽然通过文本的仔细阅读和分析已经可以确定，陶渊明笔下所描绘的桃花源是一个“避世处”而非“神仙所”，但是的确存在人们将其误解为仙境的情况。这一状况的出现与文本本身存在的复杂互文性有关。

1. 民间传说的基础

唐长孺（1911—1994）在其《读〈桃花源记旁证〉质疑》一文中推想“这个故事先在荆、湘一带传播”，只是不同的文人听闻的版本略有差异，从而导致了类似结构、不同主角的文本不断出现，包括《搜神后记》《荆州记》《周地图记》等等[②]。

元嘉初，武陵蛮人射鹿，逐入石穴，才容人。见其旁有梯，因上梯豁然开朗，桑果蔚然。行人朝翔，亦不以怪。此蛮于路砍树为记，其后茫然，无复仿佛。（刘敬叔《异苑》卷一）

---

① 北京大学，北京师范大学中文系，北京大学中文系文学史教研室编．陶渊明资料汇编（下册）[M]．北京：中华书局，1962：360.

② 唐长孺．读《桃花源记旁证》质疑[M]// 朱雷，唐刚卯，选编．唐长孺文存[M]．上海：上海古籍出版社，2006：219-231.

从这些民间传说的文本中，我们可以观察到一种典型的叙事结构："蛮人射鹿 - 穿越石穴 - 理想生活 - 无复仿佛"[①]，这与《桃花源记》中的描绘几乎是完全一致的，只是在文学表现形式上有所差别。因此，我们有理由相信，《桃花源记》在一定程度上受到了民间传说的影响，而传说本身带有的神秘属性则为桃花源铺上了一层神话的底色，尽管其并非桃花源的本质内涵。

2. 文本出处的神话性

《桃花源记》之所以常被认为是神话，还与这一文本的特殊出处有关。除了出自陶渊明作品集之外，《桃花源记》也被收录在了《搜神后记》一书中[②]。

《搜神后记》是一部记述异域洞窟、鬼神灵异、精怪变化故事的志怪小说，旧题为东晋陶潜所撰，然而学者们在其是否为伪托这一问题上存在着很大争议。

南朝梁高僧慧皎（497—554）在《高僧传序》中云："宋临川康王义庆《宣验记》及《幽明录》，太原王炎《冥祥记》……陶渊明《搜神录》，并诸傍出僧，叙其风素，而皆是附见，亟多疏阙。"[③]《搜神录》所指或许就是《搜神后记》，因此这常常被作为论据来证明该书作者就是陶渊明。《隋志》中也记载《搜神后记》十卷为晋陶潜作，但此后的新旧《唐志》《崇文总目》《郡斋读书志》《直斋书录解题》《文献通考》《宋志》都未载[④]。不过，李剑国先生在其所著《唐前志怪小说史》中研究认为"《后记》之为陶渊明作灼然无疑"[⑤]。

然而，早在明代，沈士龙在"津逮秘书"本《搜神记》跋语中就认为《后记》"绝非元亮本书"；《四库全书总目》引述了沈氏的观点："明沈士龙跋，谓潜卒于元嘉四年，而此书题永初、元嘉，其为伪托，固不待辩。"[⑥]也就是说，《搜神后记》中出现了许多陶渊明身后的故事，因此作者的真实性显然是存在疑问的。

---

① 范子烨．《桃花源记》的文学密码与艺术建构 [J]. 文学评论，2011(4)：21-29.

② 在《搜神后记》的版本中，桃花源的文本在"渔人甚异之"句后有夹注："渔人姓黄，名道真。"

③〔南朝梁〕慧皎，撰．汤用彤，校注．高僧传 [M]. 北京：中华书局，1992:524.

④ 蔡彦峰．《搜神后记》作者考 [J]. 九江师专学报，2002(3):21-26.

⑤ 李剑国．唐前志怪小说史 [M]. 天津：天津教育出版社，2005：376-390.

⑥ 蔡彦峰．《搜神后记》作者考 [J]. 九江师专学报，2002(3)：21-26.

由是，许多学者表达了伪托的观点。如，鲁迅（1881—1936）先生认为“盖伪托也”，刘叶秋（1917—1988）先生称陶潜“是否编过志怪书，尚难证实”，白广明先生在《〈搜神后记〉的作者是陶潜吗？》一文中，通过分析陶潜思想对于鬼神之事的不屑，肯定了伪托的观点[①]。

然而，通过更为细致的文献学研究，有关《搜神后记》的作者问题似乎可以得到一个更为合理的解答。蔡彦峰发现《搜神后记》有十卷本、二卷本、一卷本等不同的版本，通过对比分析与考证，发现一卷本与二卷本版本基本相同，属于同一源流，而这两卷本的内容只出现在十卷本的第一卷中，并且十卷本中的第一卷内容大多关乎隐逸，与其他卷的怪力乱神有很大差别。“一卷本《搜神后记》，或者说十卷本中的第一卷，虽然很可能经过后人一定的修改和润色，但从整体上来说它的确是陶渊明的原作；而十卷本的后九卷则绝大部分为后人伪托。[②]”

正是在真真假假的交错中，收录于《搜神后记》中的《桃花源记》似乎也被染上了神话的属性——不过，也仅仅是染上而已；若是据此声称桃花源的神话属性，显然是无稽之谈。

3. 神话传说的糅合

日本的汉学家井波律子（1944—2020）在研究桃花源的过程中，注意到了桃花源本身与中国神话传说中的理想国之间的关系[③]。

在《中国的理想乡——仙界与桃花源》一文中，她列举了三个神话传说的资料，分别是《列子·汤问》中的山中理想国“终北之国”，海上理想国“方壶、瀛洲、蓬莱”，以及《列仙传》中的一个神话。

① 白广明．《搜神后记》的作者是陶潜吗？[J]．晋阳学刊，1996(2)：59-61.

② 蔡彦峰．《搜神后记》作者考 [J]. 九江师专学报，2002(3):21-26.

③〔日〕井波律子，著．杜冰，译．中国的理想乡——仙界与桃花源 [M]// 中国民俗学会，编．中国民俗学年刊 (2000-2001 年合刊)．北京：学苑出版社，2002：326-332.

“终北之国”四周高山环绕，位于世界北端，气候温暖宜人，国中央的“壶领”山上涌出的泉水可以祛病消灾，居民长命百岁，没有统治者，也没有劳动的必要，性情温和的居民整日悠闲地玩耍、游戏，无忧无虑地享受生活；方壶、瀛洲、蓬莱是传说中漂浮在东海上的三座仙山，也即《史记·封禅书》中所记的三神山，充满绮丽壮观的亭台楼阁和结满奇珍异宝的树木，居民们吃玉树的果实，长生不老，飞翔空中，快乐地生活；而《列仙传》中记载了一个叫邗子的人，因为偶然穿过山中的洞窟，到达了琼楼玉宇高耸林立的仙界，还发现自己死去的妻子在这里从事洗鱼的工作。

三则材料表现了三种进入理想国度的途径：进入山中、越过海洋、穿越洞窟。而这三种方式在《桃花源记》中被糅合在了一起，渔人沿着溪水而行，越过水域、穿过洞窟、进入山中，看到了理想乐土。

正因《桃花源记》中杂糅了如此多神话传说的空间想象，使得桃花源本身也常常被人误认为与神话或仙境有关。

除此之外，桃花源与游仙故事的混杂，也使得桃花源被染上了神话色彩，其中最重要的就是刘阮游仙的故事。刘义庆《幽明录》中如此记载：汉明帝永平五年（62年），剡县刘晨、阮肇共入天台山迷路不得返，后得大桃充饥，在取水漱口时发现从山涧上游顺流漂下的新鲜芜菁叶和一个内部残留食物的杯子，于是涉水而上，行走两三里后进入山中，遇二女，如同旧识，便同居，其家中“施绛罗帐，帐角悬铃，金银交错。床头各有十侍婢……食胡麻饭、山羊脯、牛肉，甚甘美”，半年后求归，发现已是七世孙时代。至晋太元八年（383年），二人忽又离去，不知所踪[①]。

这个故事情节的发展也是受到桃树的牵引，并且都在顺着溪流、进入山中之后来到了一处美妙的仙境，最终刘阮带着他们传奇经历以及仙境的消息一去不返。这一故事与桃花源有诸多相似之处，因此两者在唐代开始融合。“应向桃源里，教他唤阮郎”（唐·刘长卿《过白鹤观寻岑秀才不遇》），“曾随刘

①〔南朝宋〕刘义庆，撰．郑晚晴，辑．幽明录[M]．北京：文化艺术出版社，1988：1-3.

阮醉桃源，未省人间欠酒钱”（唐 · 吕岩《七言》），富足优裕无忧无虑的美好生活中增加了旖旎的爱情，显示了唐人的浪漫精神对桃源理想的补充[①]，也使得桃花源原初的内涵出现了偏移；而到了宋代，桃花源与刘阮的典故继续相互交杂，其中的神话意味却逐渐淡去：“我亦天台约刘阮，春风一棹酒船来”（北宋 · 冯信可《桃源图》）。

① 吕菊．陶渊明文化形象研究 [D]. 上海：复旦大学，2007：165.

1.3 桃花源原型在何处

对于桃花源是否存在真实的原型，以及这一原型位于何处，向来是学者们津津乐道的问题。然而，由于桃花源文本所具有的丰富内涵以及虚构属性，对这一问题的解答始终是仁者见仁，智者见智。

1.3.1 在北方之弘农或上洛

陈寅恪在《桃花源记旁证》中认为："陶渊明《桃花源记》寓意之文，亦纪实之文也。①"

西晋末年戎狄盗贼并起后，"其不能远离本土迁至他乡者，则大抵纠合宗族乡党，屯聚堡坞，据险自守，以避戎狄盗寇之难"。随后在中原找到了与堡坞相关的"檀山坞"和与桃林有关的"皇天原"，这些与桃花源的创作意境相吻合，陈寅恪据此认定此处为桃花源的原型所在。同时，他分析认为，《桃花源记》的故事，是陶渊明根据刘裕派遣戴延之等溯洛水至檀山坞与皇天原所得的见闻，加之刘驎之（刘子骥）入衡山采药的故事，两者牵混为一写就而成的。②

陈寅恪最终得到的结论是：

（甲）真实之桃花源在北方之弘农，或上洛，而不在南方之武陵。（乙）真实之桃花源居人先世所避之秦乃苻秦，而非嬴秦。（丙）桃花源纪实之部分乃依据义熙十三年春夏间刘裕率师入关时戴延之等所闻见之材料而作成。（丁）桃花源记寓意之部分乃牵连混合刘驎之入衡山采药故事，并点缀以"不知有汉，无论

① 陈寅恪．金明馆丛稿初编 [M]．北京：生活·读书·新知三联书店，2001：188.
② 陈寅恪．金明馆丛稿初编 [M]．北京：生活·读书·新知三联书店，2001：188-200.

魏晋”等语所作成。（戊）渊明拟古诗之第二首可与桃花源记互相印证发明。[①]

然而，这一猜想虽有一定的合理性，但也掺杂了一些推测的成分。不过，由于陈寅恪大家的身份，这一观点还是在学界产生了很大影响。

1.3.2 在武陵

中国历史学家唐长孺（1911—1994）先生在阅读陈寅恪先生的分析文章之后，质疑其观点。他认为，桃花源的故事取材于南方的一种蛮族人民的传说，这种传说晋、宋之间流行于荆、湘，同一时代的陶渊明根据所闻加以理想化写成了《桃花源记》[②]。

唐长孺的这一观点得到了大多数学者的认可，并且就这一问题有了更多的展开。

马少侨在《〈桃花源记〉社会背景试探》一文中点出，在武陵溪洞之间自商周以来就是“蛮夷”聚族而居的地区，他们过着既“无摇役”又“不供官税”的原始村社生活，这同当时东晋社会恰好成为鲜明的对比，结果甚至出现了人们逃入溪洞避难的情况[③]。

毛帅在《桃源不在世外》中继续认定,《桃花源记》原型极有可能在武陵地区，并通过文献的梳理与分析，认为陶渊明所描绘的“桃花源”，很可能就是宋民到达人迹罕至的蛮族居住地后回来的见闻。当时武陵郡收编的人口中包括五溪蛮夷，刘宋初的蛮民赋役十分轻松，导致贫者入蛮，因而穿着“悉如外人”[④]；另外当时存在蛮族部落据于深山的情况，与桃花源的记载是契合的。

还有部分研究认为，桃花源人的原型更准确的应该是苗族先民。

① 陈寅恪．金明馆丛稿初编 [M]. 北京：生活 · 读书 · 新知三联书店，2001：199.

② 唐长孺．读《桃花源记旁证》质疑 // 朱雷，唐刚卯，选编．唐长孺文存 [M]. 上海：上海古籍出版社，2006：219-231.

③ 马少侨．《桃花源记》社会背景试探 [J]. 求索，1981(3)：84-86.

④ 在这篇文章中，“悉如外人”被理解为“都和外面的人一样”。

通过将桃花源景做社会模型，将其与武陵苗族古代村落社会生活逐一比较，龙兴武认为，陶渊明笔下的桃花源不仅不是虚无缥缈，而且就是对武陵苗族古代村落社会生活的真实写照①。一方面，“避秦时乱”的人最有可能是楚国属民，而在苗族史诗《鸺巴鸺玛》和《部族迁徙歌》的记载中有相关的表述，可证桃花源人就是楚亡后被迫从洞庭湖流域迁来的苗族先民，这一观点与元代文学家方回（1227—1307）在《桃花源行序》中所言相同：“（桃花源人乃）避秦之士非秦人也，乃楚人痛其君之亡，不忍以其身为仇人役，力未足以诛秦，故去而隐于山中。” 另一方面，陶渊明是陶侃的曾孙，据史料记载陶侃祖上可能是湖南武陵溪族人②，而武陵溪族从秦汉后则泛指居住在武陵五溪的少数民族，其中主体民族是苗族，因此陶渊明有可能是以陶侃祖上武陵溪族的传闻为基础、结合当时的时代境遇而创作的《桃花源记》。

尽管许多学者就武陵桃花源展开了论述，但是并没有任何明确的记载或实质性的证据表明武陵桃花源的确就是原型所在。

不过，这一观点具有较强的说服力，因而“武陵桃花源”从唐宋时期开始被逐渐塑造起来，成为一个实体的桃花源景观，并且随着时代与社会环境的更迭而几经变迁。在这一实体空间的建构历史中，道人为争取更多的山利而展开的主动营造以及相关神话故事的创作、来此做官的士人对于桃花源的大量吟诵，都为武陵桃花源赋予了更多文化象征义，宋初时“桃源”县的命名，更是这一文化影响力的明确表征③。这里如今是湖南常德桃花源。

“常德桃花源”设置的目的并不在于再现“桃花源”，而在于再现《桃花源记》及文人羽士的想象。以清同治时期为例，桃花源设置的四个场景：渔人出入、渔人问询、桃源佳致和桃川仙隐④，即是《桃花源记》中场景片段的拼贴，并为了

---

① 龙兴武．《桃花源记》与武陵苗族 [J]. 学术月刊，2000(6)：21-26.

② 陈寅恪．《魏书 · 司马睿传》江东民族条释证及推论 [M]// 国立中央研究院．历史语言研究所集刊（第十一本）．上海：商务印书馆，1944：1-26.

③ 毛帅．桃源不在世外：论三至十三世纪武陵地区“桃花源”实体景观的建构过程 [J]. 中国历史地理论丛，2013，28(1)：13-21.

④ 崔陇鹏，胡平，张涛．基于图式语言的清同治《桃源洞全图》文化景观空间营造研究 [J]. 中国园林，2020，36(12)：129-134.

图 1-1 清朝时期《桃源洞全图》局部（引自清《桃源县志》）

场景的象征化表现而设置了诸多亭阁，其名多从文本中取词或略作演绎（图 1-1）。

总而言之，在诸多时代多方力量的努力下，“常德桃花源”成为当下最具说服力的桃花源原型所在地。现如今，这里建立起了 5A 级风景区“桃花源旅游区”，而这一不带地名前缀的旅游区名称，已经说明了其得到普遍认可的现实情况。

1.3.3 在酉阳

然而，魏晋时期的武陵与当下的武陵范围并不相同，因此应该以更为开阔的视角去寻找桃花源的原型，而酉阳便是其中最为成功的一个发现。

酉阳地区有一“大酉洞”，大酉洞里的溪流、石洞，以及穿过石洞后豁然开朗的平旷土地，四面环山的封闭格局，满足了《桃花源记》基本的地理环境要求。

明末清初的文安之（1582—1659）在居于酉阳之时，发现了这一现实版本的“桃花源”。在他为酉阳宣慰使冉奇镳的《拥翠轩诗集》所作的序中，他激动地描述了这一景象，并建议冉奇镳通过种植大片桃花来附和“桃花源”的空间想象：

酉富名胜，玉岑（冉奇镳）向余屈指别业，余游屐所及，得其二焉。一为大酉洞，洞可数百武，划一门，旷然天际矣，得平衍地数十亩，精舍在焉，有小溪贯洞，奥而出。余语玉岑，广植桃花万本，使春风旖旎之余，桃片逐水趁流，以待问津者，殊亦不恶。[①]

后来，冉崇文（1810—1867）在编纂《酉阳直隶州总志》之时，试图证明大酉洞才是桃花源最为原初的原型所在，只是后来由于朝代的更迭和社会环境的变迁而逐渐被埋没了。这一论述被记载在了志书中的“大酉洞”条目之中：“案《（四川）通志》：酉阳于汉属武陵郡之迁陵地，渔郎所问之津，安知不在于此？惟晋永嘉后地没蛮獠，自宋及明，又世为土司地，名儒硕彦，游迹罕到。故文献无征，不能正名之为桃源耳。”[②]

正是因为酉阳的大酉洞与《桃花源记》的记载存在很大的相似性，并且经过后世文人的不断比附，大酉洞呈现出的空间想象与文本中的“桃花源”变得愈发契合。现如今，“酉阳桃花源风景区”作为一个5A级风景区，与湖南常德的“桃花源旅游区”并驾齐驱，成为人们展开桃花源想象的最为重要的载体。

---

①〔清〕王鳞飞，等修；冯世瀛，冉崇文，纂．同治增修酉阳直隶州总志[M]．清同治二年刻本（1863），卷二十：38.

②〔清〕王鳞飞，等修；冯世瀛，冉崇文，纂．同治增修酉阳直隶州总志[M]．清同治二年刻本（1863），卷一：46-47.

类似的通过空间形式比附桃花源的例子，还有江西庐山的康王谷桃花源景区、浙江天台县城西二十多公里处的桃源洞、江苏句容茅山的华阳洞等等，不一而足。1989 年 9 月《文萃报》载，全国有十多处桃花源，且均自称是晋代诗人陶渊明《桃花源》之“真迹”。不过，形式的相似并无法作为桃花源原型的直接证据。相较之下，酉阳在一定程度上还具有地缘的优势，来辅助证明自己作为原型的观点。

1.4　桃花源的文化来源

1.4.1　老子“小国寡民”思想

陶渊明的描绘与老子《道德经》中有关“小国寡民”的描述存在诸多相似之处：

小国寡民。使有什伯之器而不用，使民重死而不远徙；虽有舟舆，无所乘之；虽有甲兵，无所陈之；使人复结绳而用之。甘其食，美其服，安其居，乐其俗。邻国相望，鸡犬之声相闻，民至老死，不相往来。[①]（《道德经》第八十章）

这反映出陶渊明受到的道家哲学影响。而陶渊明的《记》中关于桃源生活的描述，几乎可以视作是对《道德经》的直接改写，“这种改写将老子的思想田园化现实化自我化——也就是彻底诗化了”[②]。这一观点在学界基本已形成共识。

1.4.2　儒家“大同”思想

除此之外，桃花源文本中所蕴含的儒家“大同”之思想也是不可忽视的内容。

在《礼记·礼运》中，描绘了古人想象中的大同社会景象：

大道之行也，天下为公。选贤与能，讲信修睦。故人不独亲其亲，不独子其子，使老有所终，壮有所用，幼有所长，矜、寡、孤、独、废疾者皆有所养，男有分，女有归。货恶其弃于地也，不必藏于己；力恶其不出于身也，不必为己。是故

① 张景，张松辉，译注．道德经 [M]．北京：中华书局，2021：310.

② 范子烨．《桃花源记》的文学密码与艺术建构 [J]．文学评论，2011(4)：23-24.

谋闭而不兴，盗窃乱贼而不作，故外户而不闭。是谓大同。[①]

《记》中描绘“土地平旷，屋舍俨然。有良田美池桑竹之属，阡陌交通，鸡犬相闻。其中往来种作，男女衣着，悉如外人；黄发垂髫，并怡然自乐”，以及《诗》中所言“相命肆农耕，日入从所憩……童孺纵行歌，班白欢游诣……怡然有馀乐，于何劳智慧！” 在桃花源中，人们避开战争袭扰，互相协作从事农耕，无阶级差异，亦无赋税困扰；老人小孩无忧无虑，家家安居乐业，民风淳朴。这与《礼记》中关于“大同”的描述基本一致，甚或可以说，桃花源是儒家大同理想的具体化[②]。

1.4.3 鲍敬言“无君无臣”思想

逯钦立在《关于〈桃花源记〉》一文中，认为桃花源那种“客观上否定封建剥削制度，憧憬原始公社生活的思想，是当时的以鲍敬言‘无君无臣论’为代表的农民的社会思想的反映”[③]。

鲍敬言是中国两晋时期的思想家，史料中几乎没有此人的任何记载。不过，葛洪（284—364）在《抱朴子·诘鲍篇》中对鲍敬言的一些观点展开了反驳，于是我们得以从中看到鲍敬言有关理想社会的一些论述：

曩古之世，无君无臣，穿井而饮，耕田而食，日出而作，日入而息，泛然不系，恢尔自得，不竞不营，无荣无辱，山无蹊径，泽无舟梁。川谷不通，则不相并兼；士众不聚，则不相攻伐。是高巢不探，深渊不漉，凤鸾栖息于庭宇，龙鳞群游于园池，饥虎可履，虺蛇可执，涉泽而鸥鸟不飞，入林而狐兔不惊。势利不萌，祸乱不作，干戈不用，城池不设，万物玄同，相忘于道，疫疠不流，民获考终，

①〔汉〕郑玄，注；〔唐〕陆德明，音义．礼记 [M]. 相台岳氏家塾本 (1783)：卷七．

② 杨燕．陶渊明在儒家道统中的地位新论——对《桃花源记》主旨的一种剖析 [J]. 吉首大学学报（社会科学版），2005(4)：148-152.

③ 逯钦立，著．吴云，整理．汉魏六朝文学论集 [M]. 西安：陕西人民出版社，1984：285.

纯白在胸，机心不生，含餔而熙，鼓腹而游。其言不华，其行不饰，安得聚敛以夺民财，安得严刑以为坑阱！①

在这一段落中，描绘了一个“无君无臣”的社会，人们在一个相对封闭的环境中过着朴素而自得的生活。其中，最具特色的当属“万物玄同，相忘于道”。一般的理想社会畅想往往是以人为中心的，强调这一社会如何满足人类生活的福祉；然而，鲍敬言却将视角转向万物的福祉，他所说的理想社会事实上是人们和万物共同得以栖居的家园。

鲍敬言还设想，在有君臣关系的社会中，将必然发生阶级剥削，并且同样以自然界中生态的自我平衡以及过度干扰将带来的失衡作为论据：“夫獭多则鱼扰，鹰众则鸟乱，有司设则百姓困，奉上厚则下民贫②”。

“很明显，这种言论客观上是从农民的角度出发，以理想的原始生活对比充满剥削压迫的现实社会，并揭示出无君无臣、人人劳动的理想世界。它同《桃花源记》的社会思想基本上是一致的。这种天下平等、人人劳动的思想，在本质上是空想的，是一种乌托邦，而且在今天看来甚至是落后的，但在当时来说已达到了先进思想的最高水平，是农民革命思想的升华。”③

1.4.4 理想社会思想的对照

从前述的分析可以发现，陶渊明在桃花源中呈现出来的有关理想社会的构想并非凭空出世，而是在接受了老子“小国寡民”思想的同时，汲取儒家有关“大同社会”的理解，并且与鲍敬言的“无君无臣”思想相关。

学者刘刚通过将桃花源与以上三种理想社会思想，进行社会制度、组织、外交、经济、生活、劳动、道德、智能、局势等方面的比较（表 1-1），更为直观地展现了桃花源与不同文化来源之间的关系。

---

①〔晋〕葛洪．抱朴子·外篇 [M]. 平津馆本（1812）：卷四十八．

②〔晋〕葛洪．抱朴子·外篇 [M]. 平津馆本（1812）：卷四十八．

③ 逯钦立，著．吴云，整理．汉魏六朝文学论集 [M]. 西安：陕西人民出版社，1984：286.

表 1-1　桃花源与不同理想社会的比较

	小国寡民社会	大同社会	无君社会	桃花源社会
社会制度	小国寡民	选贤与能	古者无君，胜于今世	秋熟靡王税
	既言“国”，理当有君。是“有君”社会	选举贤能治国，是为“有君”社会	强调“无君”。是为“无君”社会	无王即是无君。是为“无君”社会
社会组织	虽有舟舆，无所乘之	天下为公	川谷不通，则不相兼并，士众不聚，则不相攻伐	率妻子邑人来此绝境，不复出焉，遂与外人间隔
	国家小，百姓少，不用交通工具，属缩型社会	言天下，当强调大一统，属统一的大型社会	川谷相隔，民众分处，属缩型社会	桃源，地处偏远僻谷，属缩型社会
社会外交	民至老死，不相往来	–	山无蹊径，泽无舟梁，川谷不通	荒路暖交通，鸡犬互鸣吠
	属封闭式社会	–	属封闭式社会	属封闭式社会
社会经济	使有什佰之器而不用	货恶其弃于地也，不必藏于己	穿井而饮，耕田而食	土地平旷，屋舍俨然，有良田美池桑竹之属
	追求原始的温饱式的自给自足	追求未来的物资丰富，丰衣足食	追求原始的温饱式的自给自足	追求物资丰富，丰衣足食
社会生活	甘其食，美其服，安其居，乐其俗	老有所终，壮有所用，幼有所长	泛然不系，恢尔自得	其中往来种作；黄发垂髫，并怡然自乐
	强调精神上的自得之乐	追求物资上的生活保障	强调精神上的自得之乐	追求物质上的生活保障以及精神上的自得之乐

续表

	小国寡民社会	大同社会	无君社会	桃花源社会
社会劳动	–	力恶其不出于身也，不必为己	日出而作，日入而息	相命肆农耕，日入从所憩
	–	强调忘我劳作，为社会做贡献	强调顺天应时	强调顺天应时
社会道德	–	不独亲其亲，不独子其子	其言不华，其行不饰	便要还家，设酒杀鸡作食；俎豆犹古法，衣裳无新制
	–	崇尚博爱	崇尚纯朴	崇尚纯朴
社会智能	复结绳而用之	–	纯白在胸，机心不生	怡然有余乐，于何劳智慧
	主张绝智去能	–	主张绝智去能	主张绝智去能
社会局势	虽有甲兵，无所陈之	盗窃乱贼而不作	势力不萌，祸乱不作，干戈不用，城池不设	自云先世避秦时；乱嬴氏乱天纪，贤者避其世
	向往安定和平	向往安定和平	向往安定和平	向往安定和平

引自刘刚《陶渊明“桃花源”社会理想新论》，略有调整

通过表格的对照分析，可以总结出桃花源与其他理想社会之间的相似与差别之处：

一、从社会建构的目的上看，这些理想社会的共同之处在于都渴望建立起一个安定和平的社会环境，只是不同的构想有不同的实现路径；

二、从理想社会的特征上看，小国寡民社会侧重回归原始社会生活，使人民安贫乐道，带有浓重的复古主义色彩；无君社会是对小国寡民社会的进一步发展，其核心是强调抛弃法度，顺应自然地生活；大同社会则是强调礼仪，是

一种社会理想的建构；桃花源构想的是遵循自然规律、排除政治的影响，相对而言与无君社会更加相近；

三、从思想继承的角度上看，桃花源社会主要继承了小国寡民社会缩型的社会组织、无君社会对于法度的抛弃和对自然的顺应，以及大同社会对丰衣足食、安居乐业的保障；

四、从空间结构的设想上看，桃花源社会是这几个理想社会中唯一一个具有明显空间形态特征的想象。

从这些对比可以看到，陶渊明设想的理想社会“借鉴了老子以来的哲人们的社会理想，并根据人们的意愿和时代的要求，优选先哲的某些理想社会的特质进行重新组构，同时更融入了自己的社会理想，从而使他的理想社会既有‘乐土’文化传统的深厚底蕴，又显示出时代性的新特点，成为中国古代社会理想情结的最高表现形态，成为古代人们所向往和追求的理想境界。[①]”而陶渊明为桃花源赋予的明确形态，也使得它不同于其他抽象化的想象，具有了更为具体化的特征。

① 刘刚．陶渊明“桃花源”社会理想新论 [J]．鞍山师范学院学报，2000(1)：21-28.

第2章 变化的桃花源

以陶渊明建构的桃花源为基础，后世又展开了诸多新的诠释，使得桃花源意象在中国土地上得以不断生长变化；甚至它还随着古代密切的外交、文化交流，传播到了韩国、日本等东亚国家，并在新的文化背景中生发出了更多新的意义。许多从相关文学、绘画的历史变迁角度展开的桃花源研究，已经揭示出了原初那种和谐、“无政治力”的田园生活并非桃花源永恒的本质内涵。

2.1 中国时代变迁中的桃源流变

自桃花源意象出现以来，不同的人、不同的世代均存在着不同指涉意义的桃花源，只要现实世界不够令人满意，人便会召唤出一个满足相应理想的新的“桃花源”，这样的桃花源不仅存在于文字之中，也通过图像置换得到了内涵演绎的推进[①]（参见“附录三”）。

① 王怀平．“桃花源”文学原型的图像置换 [J]. 湖南社会科学，2012(6)：214-217.

2.1.1 唐：桃源仙境

唐代道教兴盛，李氏王朝自谓老子李耳后人，推动了道教的发展与兴盛。受道教影响，人们注重修行，认为得道能够成仙，避世求道之志趣得以广泛发展，而神仙世界也成为人们向往的理想世界。在这种文化影响下，“桃花源”被建构为桃源仙境的理想图式。

不过，唐代有关桃花源的绘画如今都已不存，所以我们只能从古人留下的诗文中管窥当时绘画对于桃花源的描绘与想象。例如，唐代舒元舆（？—835）的文章《录桃源画记》中记载了他所见到的一幅桃源图。在舒元舆所见的四明山道士收藏的《桃源图》中，描绘的并非陶渊明笔下的田园生活，而是多种神仙世界意象的组合，包括青鸾、丹鹤、玉鸡、金狗等神兽，还有华丽的宫殿、看管丹炉的仙童玉女[①]。画中另有一身着秦时服装的人划船而入，石守谦认为，这描绘的是秦时避乱之人首度进入桃花源时的场景[②]。

权德舆（759—818）同样“小年尝读桃源记，忽睹良工施绘事”，在他创作的七言律诗《桃源篇》中，也有这样的描述：

岩径初欣缭绕通，溪风转觉芬芳异。一路鲜云杂彩霞，渔舟远远逐桃花。渐入空濛迷鸟道，宁知掩映有人家。庞眉秀骨争迎客，凿井耕田人世隔。不知汉代有衣冠，犹说秦家变阡陌。石髓云英甘且香，仙翁留饭出青囊。相逢自是松乔侣，良会应殊刘阮郎。

虽然这首诗中保留了陶渊明“阡陌交通”的描绘，但是通过“庞眉秀骨”“石髓”“云英”“先翁”等桃源人的描述，已经展现出了长生不老的仙人形象。而韩愈在写作《桃源图》时，应当也看到了类似的桃源仙境绘画，所以他在诗的首句即发出了“神仙有无何渺茫，桃源之说诚荒唐”的感慨。

另外，刘禹锡（772—842）在《桃源行》中“俗人毛骨惊仙子，争来致词何至此。须臾皆破冰雪颜，笑言委曲问人间”以及“筵羞石髓劝客餐，灯爇松

---

①〔清〕王士禛，辑．唐文粹 [M]．清康熙二十六年刻本（1687），卷七十七：9.

② 石守谦．移动的桃花源：东亚世界中的山水画 [M]．北京：生活·读书·新知三联书店，2021：35-36.

脂留客宿”[①]的描绘，王维（701？—761）在《桃源行》中表达的“初因避地去人间，及至成仙遂不还”[②]等等，都将阡陌交通、鸡犬相闻的桃花源视作神仙世界所在。

因此，通过唐代文人的诗文以及他们所见的绘画，可以明显地发现，唐代的桃花源往往被理解成了神仙世界。

2.1.2 唐宋：世俗桃源

在唐代诗人的作品中，除了将桃花源描绘为神仙世界之外，也有一些已经开始将其作为世俗世界中隐居之所的隐喻。例如，王维在《春日与裴迪过新昌里访吕逸人不遇》一诗中这样写道：

桃源一向绝风尘，柳市南头访隐沦。到门不敢题凡鸟，看竹何须问主人。城上青山如屋里，东家流水入西邻。闭户著书多岁月，种松皆老作龙鳞。[③]

在此诗中，王维用桃花源比况吕逸人的住处，既表现出吕逸人的超俗气节，又显示了作者倾慕向往的隐逸之思。

其实，从韩愈《桃源图》中对于桃源仙境的质疑，我们已然能够察觉到中唐文人所展现出的“理性色彩、批判精神及历史意识”[④]；而这种质疑，在11世纪后期的中国士大夫文化中逐渐蔚为风潮，它一方面让陶潜版的传说成为众人注目的焦点，另一方面也带动了一种“人世化”新诠释的出现[⑤]。

苏轼（1037—1101）是这一时期的代表性人物，在他的《和桃源诗序》一文中，直接驳斥了古人为桃花源披上神秘主义色彩的错误做法，并提出世上称得上桃源之地众多，并不局限在桃花源：

---

①〔清〕王士禛，辑．唐文粹[M]．清康熙二十六年刻本(1687)，卷十六：11.

②〔清〕王士禛，辑．唐文粹[M]．清康熙二十六年刻本(1687)，卷十六：11.

③〔清〕官修．全唐诗[M]．清光绪十三年上海同文书局石印版(1887)：卷五：20.

④ 郑文惠．乐园想象与文化认同——桃花源及其接受史[J]．东吴学术，2012(6)：22.

⑤ 石守谦．移动的桃花源：东亚世界中的山水画[M]．北京：生活·读书·新知三联书店，2015：37.

世传桃源事，多过其实。考渊明所记，止言先世避秦乱来此，则渔人所见，似是其子孙，非秦人不死者也。又云杀鸡作食，岂有仙而杀者乎？

旧说南阳有菊水，水甘而芳，居民三十余家，饮其水皆寿，或至百二三十岁。蜀青城山老人村，有五世孙者。道极险远，生不识盐醯，而溪中多枸杞，根如龙蛇，饮其水，故寿。近岁道稍通，渐能致五味，而寿益衰，桃源盖此比也欤。使武陵太守得至焉，则已化为争夺之场久矣。常意天地间若此者甚众，不独桃源。

另外，北宋诗人冯信可（985—1075）的“寻源未许武陵人，隐者但作桃花主”（《桃源图》）、南宋诗人胡仲弓（生卒不详）的“田中黍稷随时艺，雨后桑麻绕舍栽。此日逢人休问语，生涯闻已半蒿莱”（《题桃源图》）等等，描绘的都是实实在在的隐居、田园生活。事实上，这些对于桃花源的理解已然回归到陶渊明笔下设定的原初理想世界，只不过陶渊明本人的隐逸生活也同样被发展成为一种理想生活的构想[①]。

图 2-1　明・仇英《桃花源图》（美国波士顿美术馆藏）

① 由于陶渊明本人对于理想生活的实践既是田园的，又是隐居的，所以这两者之间难以做出严格的区分。在后世对于桃花源的演绎中，两种类型既可以是区分的，也可以是合并的。

南宋画家赵伯驹(生卒年份不详)曾绘有一幅桃花源相关的绘画,现已佚失;不过,通过后人的仿作,我们有机会大致管窥其风貌。美国波士顿美术馆藏有明代画家仇英(生卒年份不详)的一幅《桃花源图》(图 2-1),卷端有后人题跋:"仇英此卷即蓝本伯驹,笔意超秀,颇能神似";而台北故宫博物院也藏有一幅特别相似的绘画,即清代王炳(生卒年份不详)的《仿赵伯驹桃源图》(图 2-2),跋为"臣王炳奉勅恭仿赵伯驹笔意",其画面结构与仇英版本完全一致,只是在绘画的细节上存在些许差别;另外,文徵明(1470—1559)的《桃源问津图》(图 2-3)也采用了相同的叙事和构图,只是前两者为青绿山水,而文徵明版本为设色。由此可以基本断定,他们所绘都是依据赵伯驹的《桃源图》版本仿画而来的。

那么,可以想见,赵伯驹的《桃源图》也具有相同的结构,即将《桃花源记》中表现的叙事结构以及田园生活场景以长卷的方式表现出来。值得注意的是,

图 2-2 清·王炳《仿赵伯驹桃源图》(台北故宫博物院藏)

长卷末端为一高士在山间寻觅的场景，应当表达了《记》中最后刘子骥的“寻桃源而不得”。“相对于卷前已经加以‘人世化’的桃源世界，以及身在其中的渔人而言，独行于山中而被密实之山体所包围的策杖高士，可说被赋予了更强烈的企求桃源之感。它的重点已非在于惋惜桃花源之永远失落，反而表达了一种对追寻的坚持。”①

另外，据传马和之（生卒年份不详）所绘的《桃源图卷》（图 2-4）与陈居中所绘的《桃源仙居图卷》（图 2-5）皆描绘了非常生活化的场景，只不过前者的桃源生活更强调古韵，而后者则更贴近当时人的生活场景。《桃源图卷》中最具特色的表达也位于卷末：整个桃源世界通过云气与外部的村落和宫殿完全隔绝，表达了理想世界与现实世界之间的不可跨越，是对《桃花源记》最终寻而不得的呼应。

图 2-3　明·文徵明的《桃源问津图》（辽宁省博物馆藏）

① 石守谦．移动的桃花源：东亚世界中的山水画 [M]．北京：生活·读书·新知三联书店，2015：42.

图 2-4　传南宋·马和之《桃源图卷》局部（台北故宫博物院藏）

图 2-5　南宋·陈居中《桃源仙居图卷》局部（西泠 2009 秋拍品）

2.1.3　元明清：归隐桃源

“元代文人社群处在多元种族与多元文化的复合社会体系中，面对故土飘零、文化失根的异化世界，‘桃花源’的文化图像常是其用以指称其生命欢乐之地、灵魂净化之所及精神回归之处。”[①] 于是，元代文人在世变之下对“亡国”

① 郑文惠．乐园想象与文化认同——桃花源及其接受史 [J]．东吴学术，2012(6)：23.

产生了遗民的深刻认知和体会，桃花源因而被寄予了一种对故国美好生活的想象，同时具有了对其所处时代的反抗的力量。

如宋末元初诗人方回（1227—1307）写有《桃源行》，在“序”中，他慷慨陈言：“予谓避秦之士非秦人也，乃楚人痛其君国之亡，不忍以其身为仇人役，力未足以诛秦，故去而隐于山中尔……是时北兵破蜀，降将或为之用，因并以寓一时之感，而其实亦足以为天下后世为人臣者之劝云。[①]”在这一序言中，桃花源被理解为“君国之亡”者的归隐之地，从而与宋末元初的时代变革相呼应。不过方回言行不一，在南宋灭亡后率郡降元，这一文本也成了对他自己的讽刺。

类似的遗民思想也发生在明清易代之际，“明代遗民对桃源意象感受最深的正是‘避秦’的现实选择和高志不肯为秦民的品节追求”[②]。例如，明末清初小说家董说（1620—1686）就在《书桃花源记后》一文中表明了自己的决心：“秦既并天下，潇湘高士托身于桃花流水之间，不可谓非楚忠臣。丈夫进退濯如清风，不能为报韩之子房（张良），则当法避秦之楚客。[③]”

这一“亡国”后的归隐之地，呈现出了两种形象：一是上古中国的淳朴生活，二是当时朝代的惬意隐居。

上古中国的生活往往被描述为“羲皇”之民、“轩辕”之民、“无怀民”“尧民”的生活形态，从而寄予了“元代文人社群冀望回归文化本根的隐喻”[④]：

层峦复岭何崔嵬，流泉委注波无回。昔人寻源既解往，孰谓后世无能来。徐生采药渡瀛海，生人之资悉滂沛。泛舟一去不复还，自是秦皇亲为载。商于只在咸阳南，城中日日见晴岚。四翁采芝列头白，何人往问穷幽探。信知桃源随地有，自为狂驰不回首。莫向神仙诘渺茫，且对新图玩春画。轩辕乡里真固师，果得修身身不衰。年谷顺成物不疵，玄黄衣裳从委垂。（元・虞集《桃源图》）[⑤]

①〔明〕程敏政，辑．新安文献志 [M]．明弘治十年祁司员彭哲等刻本（1497 年）：卷五十．

② 李剑锋．明遗民对陶渊明的接受 [J]．山东大学学报（哲学社会科学版），2010(1)：145-150.

③〔明〕董说．丰草庵集 [M]．民国吴兴丛书本：卷二：16.

④ 郑文惠．乐园想象与文化认同——桃花源及其接受史 [J]．东吴学术，2012(6)：24.

⑤〔元〕虞集．道园遗稿 [M]．四库全书本（1792 年），卷二：10-11.

这首诗一方面反驳了桃源仙境的说法，另一方面也将桃花源设想成“轩辕乡”一般具有文化归属感和淳朴风尚的理想生活空间。类似的表述还有 “四海人心苦厌秦，桃源风景侣尧民”（元 · 侯克中《题桃源图三首（其二）》）、“熙熙如上古，无复当世虑”（元 · 赵孟頫《题桃源图》）等等。

而另一归隐之地的形象则是摆脱了政治反抗的话语，成为文人纯粹表达隐逸思想的理想场所。这一时期有关桃花源的文人画最能传达出这一思想。

元末画家王蒙（1308—1385）所作的《桃源春晓图》以《桃花源记》为灵感，但是摆脱了桃源画特有的叙事结构，而是在立轴方向上，通过“桃花溪流上的渔船—山林掩映的模糊通道—环山隐居场所的建筑”三重结构的叠加，来相对完整地回应桃花源主题（图 2-6）。这与之前通过长卷观看的时间性来表达叙事的时间性的方式已经完全不同了。

这种表现方式事实上与“隐逸”的主题是密切相关的。立轴的画面结构既能表达局部性的空间，也能表现全景山水，这使得它既能用单体建筑表达隐居，也能用群体建筑表达聚落生活，而长卷往往适用于全景山水，对于强调隐居之感的局部性表达是不利的。正因如此，王蒙的这一桃源绘画图示在后世得到了频繁的临摹和改绘，其中对其最为推崇的当属明代画家蓝瑛（1585—1664），他以桃花源为主题创作了诸多绘画作品，其中的《桃花源图》（图 2-7）、《桃源仙境图》（或称《武陵源图》）（图 2-8）、《桃花渔隐图》（图 2-9）等在一定程度上都是王蒙《桃源春晓图》的新的表现。

图 2-6 元·王蒙《桃源春晓图》（台北故宫博物院藏）

图 2-7 明·蓝瑛《桃源图》（美国夏威夷檀香山艺术学院藏）

图 2-8　明·蓝瑛《桃源仙境图》（匡时 2008 春拍品）

图 2-9　明·蓝瑛《桃花渔隐图》
（北京故宫博物院藏）

2.1.4　元：欲望桃源

除了被理解为归隐之地之外，在元代的相关文本中，桃花源也往往被指涉为情欲世界。

在康进之（1264—1294）的《双调·新水令·武陵春》中，桃花源的空间意象与“丽春园（妓院的通称）”“楚台（多指男女欢会之处）”等象征情欲的空间相互错叠，理想的桃花源与美艳的身体相互交杂，构成了一种“难描难画，难题难咏”，但却是通俗易解的“情色”隐喻：“花片纷纷，过雨犹如弹泪粉。溪流滚滚，迎风还似皱湘裙。桃源路近与楚台邻，丽春园未许渔舟问。两般儿情厮隐，浓妆淡抹包笼尽。①”

除此之外，李致远（1261—约1325）《南吕·一枝花·孤闷》中的“东墙女空窥宋玉，西厢月却就崔妹。便休题月下老姻缘薄。风流偏阻，好事多辜。蓝田隐璧，沧海遗珠。桃源洞山谷崎岖，阳台路云雨模糊”②，《仙吕·寄生草·春》中的“彩绳高挂垂杨树，罗裙低拂柳梢露，引王孙走马章台路。东君回首武陵溪，桃花乱落如红雨”③等等，都赋予了桃花源男女之事的色彩与空间隐喻。

这些桃花源意象的情欲错置，事实上表现出“元代文人世俗生活欲望之落空、情感之失落，也隐喻着文人站在家国废墟前，面对异化社会，仿佛坠入世情浇薄、人性讹诈的失乐园中而迷离怅然的生命情境。”④

2.1.5　晚清：嫁接乌托邦

到了清代，随着全球化的发展，中西方的经济、文化交流不可避免地发生了。在这一过程中，西方有关乌托邦的相关理论和文化译介进入中国，为晚清的知识精英建构全新的桃花源理想提供了思想原料。

梁启超在创办《新小说》刊物时，本打算创作一套三部曲式的系列小说——《新中国未来记》《旧中国未来记》《新桃源》，可惜后两种未能成文。不过，

① 隋树森，编．全元散曲[M]．北京：中华书局，1964：455.
② 隋树森，编．全元散曲[M]．北京：中华书局，1964：1256.
③ 隋树森，编．全元散曲[M]．北京：中华书局，1964：1668.
④ 郑文惠．乐园想象与文化认同——桃花源及其接受史[J]．东吴学术，2012(6)：24-25.

通过《中国唯一之文学报〈新小说〉》一文中提前透露的情节梗概来看，《新桃源》（一名《海外新中国》）已经体现出了强烈的乌托邦色彩：

此书专为发明地方自治之制度，以补《新中国未来记》所未及。其结构设为二百年前，有中国一大族民，不堪虐政，相率航海，遁于一大荒岛，孳衍发达，至今日而内地始有与之交通者。其制度一如欧美第一等文明国，且有其善而无其弊焉。其人又不忘祖国，卒助内地志士奏维新之伟业，将其法制一切移植于父母之邦。是此书之内容也[①]。

可以看到，梁启超描绘的桃源已经叠合了西方国家的社会制度，形成了一个现代意义上的文明社会。虽然同样是为了逃避现实而离开故土，但他们在富强之后主动帮助祖国发展，展现出了从消极避世到积极入世的转变。

对此，台湾学者颜健富如此分析：

晚清作者群透过中国传统的桃源仙乡、西方的未来想象、思想的大同论述等，经由“编译”的方式，使得中国的理想视野产生变异。桃源、未来与大同等资源在新编/译编/转编的再创造过程中，涉及真理、价值、思考的争斗，形塑出属于晚清脉络的“乌托邦”视野。当桃源符码或叙事进入晚清小说时，出现价值底蕴的移位：从“逍遥”转向“拯救”。陶渊明的逍遥丰足图变调成为“有所为”的国家建构。作者群误读“桃源”，渗透入时代新知、民族情感，构筑出一个具有新视野的空间，并且以精密的仪器改写“寻找、经历与迷失”的叙事，闯入桃源者亦从“有/无机心”变为“爱/不爱”国的论调。[②]

颜健富的观点颇有见地。他展现出了根植于中国文化传统的文人在面对外来文化入侵之时，如何以自身的文化架构来容纳新的时代内涵。尽管这种操作

① 新小说社．中国唯一之文学报《新小说》[N]．新民丛报，第14号，1902-08-18.

② 颜健富．编译/变异：晚清新小说的“乌托邦视野”[D]．台北：台湾政治大学，2008：301.

已经在很大程度上背离了桃花源的初衷，但是这些经过编译与变异的乌托邦（桃花源）方案，还是在一定程度上“体现了晚清社会寻求变革的内在诉求，也是晚清社会理想发生现代转型的有力证明”[①]。

2.1.6 现代：城市文明的批判

到了20世纪，中国现代作家大都把桃花源原型建立在一个封闭自足的自然世界中，对现代城市文明展开了激烈的批判[②]。

如鲁迅《社戏》中，描绘了小时候住在平桥村之时，一天夜里同小伙伴撑船前往赵庄看戏的故事，与鲁迅在都市中两次看戏的经历形成了鲜明对比：嘈杂扰攘的都市生活与恬静安宁的乡村生活、粗俗自私的城市中人与善良机灵的乡村儿童和淳朴热心的老公公，作者的褒贬态度不言自明。在鲁迅笔下，赵庄完全是一个桃花源意象的变形——对于小孩来说，演戏的赵庄是一个理想中的场所，是“我”的“第一盼望”，而这个场所却只能乘船来往，当“我”因为船只安排不善而无法前往时，便“急得要哭”。到了晚上，看戏的孩子回来后，又为了满足我的心愿，带我重又去往赵庄，一路上“两岸的豆麦和河底的水草所发散出来的清香，夹杂在水气中扑面的吹来；月色便朦胧在这水气里。淡黑的起伏的连山，仿佛是踊跃的铁的兽脊似的，都远远的向船尾跑去了……”[③]这趟旅程，何尝不是渔人的“缘溪行，忘路之远近”，而再也回不去的乡村生活，又何尝不是“后遂无问津者”。

郁达夫（1896—1945）在20世纪30年代创作了《迟桂花》，彼时中国人民正处于内忧外患、水深火热之中，日本帝国主义的入侵、蒋介石集团对人民革命斗争的镇压、国民党反动派的“文化围剿”等等，使得革命作家开始反思现代文明的弊病，并重新思考淳朴乡村的疗愈作用。故事的主体情节是郁先生从上海大都市到杭州翁家山参加老同学翁则生婚礼的行程，在这一过程中，“青葱的山，和如云的树”“这儿几点，那儿一簇的屋瓦与白墙”“撩人的桂花香

① 李枫．翻译“乌托邦”——乌托邦思想在晚清的译介与接受研究[D]．上海：上海外国语大学，2020.

② 汪树东．论20世纪中国文学中的桃花源原型[J]．学术交流，2006(5)：155-159.

③ 鲁迅．呐喊[M]．武汉：长江文艺出版社，2019：131-132.

气”“幽幽的晚钟”等等景色，以及老同学的妹妹翁莲展现出的善良、率真、活泼，使郁先生从情欲到身心都得到了净化①。而与这一主体情节相对应的，是在小说开头的信件中描述的翁则生在日本求学时差点自杀，可回到翁家山后身心都得以康复的经历。显然，传统乡村生活的疗愈与现代城市生活的苦闷构成了文本意象的对照。

对现代城市文明展开批判的最激烈者当是沈从文（1902—1988）。他的小说《边城》以 20 世纪 30 年代川湘交界的边城小镇茶峒为背景，描绘了湘西地区特有的风土人情。这里自然风光秀丽、民风淳朴，人们不讲等级、不谈功利，人与人之间真诚相待、相互友爱；《边城》通过对这些传统美德的讴歌，对现代文明的物欲横流展开了批判。

“我发现在城市中活下来的我，生命俨然只淘剩一个空壳。正如一个荒凉的原野，一切在社会上具有商业价值的知识种子，或道德意义的观念种子，都不能生根发芽。②”（沈从文《烛虚》）

① 郁达夫．迟桂花 [M]．北京：中国青年出版社，2004：1-32.

② 沈从文．沈从文文集（第 11 卷）[M]．广州：花城出版社，1983：276.

2.2 当代的桃源“异变”：乌托邦与桃花源

在梳理桃花源流变的过程中，我们发现，学者们在描述桃花源之时，几乎是异口同声地用“乌托邦”（Utopia）来称呼这一中国式的理想空间。例如，逯钦立说“‘桃花源’毕竟是个乌托邦。陶渊明提出这个乌托邦，向往这个乌托邦，然而根本没有设想通过什么道路走进这块乐土。[①]”朱光潜也说“渊明身当乱世，眼见所谓典章制度足以扰民，而农业国家的命脉还是系于耕作，人生真正的乐趣也在桑麻闲话，樽酒消忧，所以寄怀于‘桃花源’那样一个淳朴的乌托邦。”[②]

尽管我们在晚清的桃源内涵研究中已经大致了解乌托邦话语进入中国的概况（参见 2.1.5），但我们还是有必要对两者的内涵展开更为仔细的辨析，从而厘清当代理想环境表述的话语迷雾。

2.2.1 原初话语：乌托邦≈桃花源

“乌托邦”一词最早出自托马斯·莫尔（Thomas More，1478—1535年）的《乌托邦》（1516 年）一书，它是拉丁文 Utopia 的音译，由莫尔依据古希腊语创造。Utopia 是以 outopia（no place）与 eutopia（good place）两个词为基础形成的拉丁语仿词，通过截取两者语音和文字的共有部分“utopia”，使其兼具“不存在的”和“好的”地方两重含义。因此，“乌托邦”从其本义上讲，既是一个美好的地方，也是一个不存在的地方[③]。

同样的，原初的桃花源也是陶渊明基于当时的社会状况提出的一个美好的地方想象，这个想象通过人们的返而不复，最终成了一个不存在的地方。因此在这个层面上讲，桃花源和乌托邦在原初话语的基本特征上几乎是完全

① 逯钦立，著；吴云，整理．汉魏六朝文学论集 [M]．西安：陕西人民出版社，1984：288.
② 朱光潜．诗论 [M]．桂林：漓江出版社，2011：245-246.
③ 李然，戴卫平，李焱．英语词汇文化喻义研究 [M]．天津：天津科学技术出版社，2014：271.

一致的。

此外，原初桃花源和乌托邦的空间形态也存在相近之处，它们都是一个封闭的社会。乌托邦原本是和大陆相连的[①]，乌托（Utopus）建国后命人开凿运河，使之四面临海而易守难攻（图 2-10），如书中人物拉斐尔 · 希斯罗德（Raphael Hythlodaeus）后来所看到的，外来者如无乌托邦人领航将很难进入港湾，甚至本地人也需要参照岸上的标志物才能安全出入。而陶渊明笔下的桃花源人，为了躲避秦朝的战乱而进入与世隔绝之地，从此与外人间隔，唯一的联系空间便是后来被渔人意外发现的山洞。因此，原初的桃花源与最早的乌托邦一样，都是一个封闭的社会。

图 2-10　莫尔设想的乌托邦（1518 年巴塞尔版《乌托邦》插图）

① 根据《乌托邦》书中的描述，乌托邦所在地原名为阿布拉克萨（Abraxa），本来此地居民一直因宗教问题而争执，彼此为敌。乌托来到此地后，乘机将其征服而创立了乌托邦。

2.2.2 内在结构：形式化与反形式化

然而，我们不能仅仅聚焦于话语本身的含义来展开话语的使用，而应当注意这一概念话语提出的特定历史背景以及在此基础上发展出来的固有的内在结构。

莫尔在他的《乌托邦》一书中，基于对社会现实以及资本主义的批判，对城市发展、城乡关系展开了伟大而具体的构思，包括了完整的政治、经济、教育、社会生活等制度，同时考虑到了战争、奴隶等问题[①]。这不仅成为了共产主义思想和理论的源泉，也极大地影响了资本主义社会城市规划领域的学者[②]。

因此，“乌托邦”的目的在于理想社会体系的建构，意图建立起一个完美的社会，而这背后必须依靠一套完善的社会管理制度，并且这种制度是非常严格的，所有人都必须遵照这个制度展开生产生活，否则这一体系就将无法维系。“乌托邦代表了人类最佳的、因此也是最可欲的社会制度，然而这种最可欲的社会制度完全是理性设计的产物。[③]”

当乌托邦思想进入建筑学领域，便形成了一种“普遍、永恒、至善的象征的理想城市”，它们整合了西方自古希腊哲学以来强调数理逻辑的传统以及莫尔的乌托邦想象，形成一种传统乌托邦（classical utopia），它们往往由强烈的几何秩序构成（图 2-11），呈现出“中心性、封闭性、隔离性、秩序性、彰显性”[④]的特征，并作为“国家的维护和体面的代表”，以一种假想性的身份作为崇拜的圣像[⑤]。

传统乌托邦的缺憾在于，这种城市尺度的、全新的社会秩序的建构过于理想化，而难以成为真正影响社会发展的力量；于是，在西方启蒙运动之后，一种行动派乌托邦（activist utopia）出现，他们以传统乌托邦的愿景为基础，在

① 参见：〔英〕托马斯 · 莫尔 . 乌托邦 [M]. 戴镏龄，译 . 北京：商务印书馆，1982.

② 叶超 . 城市规划中的乌托邦思想探源 [J]. 城市发展研究，2009，16(8)：59-63+76.

③ 张沛 . 乌托邦的诞生 [J]. 外国文学评论，2010(4)：119-127.

④ 朱明 . 意大利文艺复兴时期的“理想城市”及其兴起背景 [J]. 世界历史评论，2023，10(1)：3-24，2+291.

⑤〔美〕柯林 · 罗，〔美〕弗瑞德 · 科特，著 . 拼贴城市 [M]. 童明，译 . 上海：同济大学出版社，2021：60-63.

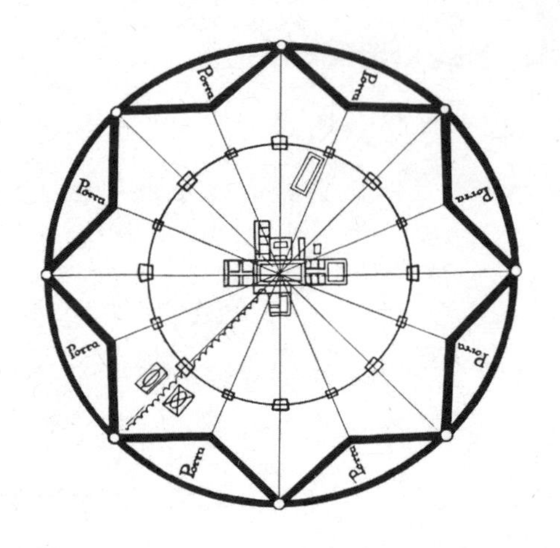

图 2-11　几何秩序化的理想城市乌托邦（菲拉雷特设计的斯福辛达城）

局域性建筑中，采用科学的构造、理性的管理，来反映生产生活的内在需求，同时塑造具有乌托邦属性的建筑与城市艺术。例如，勒杜（Claude-Nicolas Ledoux，1736—1806）设计的舍伍盐场（La Saline de Chaux）方案，其形式的基本诉求就是服务于生产，然而其圆形形状也在一定程度上也是传统乌托邦神秘力量的体现（图 2-12）。

图 2-12　将具体生产生活与乌托邦理想结合的尝试（勒杜设计的舍伍盐场）

不论是传统乌托邦还是行动派乌托邦，西方建筑学对于乌托邦的构想和设计往往呈现出明确的几何、理性特征，具有强烈的形式感。甚至可以说，这种形式化与否，决定了一个特定的场所能否被称作乌托邦。

与此相反的是，桃花源是“反制度”“反结构”的，它杜绝任何等级或阶级关系，所有人按照自然的时序自由地展开生产生活，因此桃花源内部也不存在特定的空间形式；而在后世的演绎中，内部与外部[①]的关系成了发展的重点。也就是说，它是“反形式化”的。

不过，原初的桃花源的确表现出了固定的形式——围合与连接内外的通道。然而这一形式仅仅作为其外在表征存在，而并不作为其内部的形式表现。况且，随着桃花源内涵的不断发展，这一外在表征也变得不再那么重要了（参见 2.1 ）。

2.2.3　最终目标：超越化与现实化

桃花源与乌托邦的最大差别，或许并不在于其本身，因为两者之间的内涵在历史发展中都出现了移植、嫁接和变异（参见 2.1 ），因此要严格区分两者还是相对困难的。不过，当我们关注到人们在确立这两种理想空间设想之时的最终目标，我们就能发现两者的根本性差别。

莫尔的乌托邦，作为“乌有之邦”，从一开始的命名就已经展现出这一理想社会的超越性——它是无法到达、无法实现的，因此只能作为一个美好的梦想，作为一种理想的圣像用以顶礼膜拜。批判式乌托邦（critical utopia）的出现，正是“意识到了乌托邦传统的局限性，因而放弃将乌托邦作为实现社会理想的一种蓝图，而只是将其保持为一种梦想”[②]。因为在乌托邦的理性世界，个人消失了，物化为国家机器中规格统一而可以互换的零件，个性的生活乃至生活本身也随之消失，甚至暴行往往会成为实现的手段。在这个意义上，“乌托邦的诞生同时也就是乌托邦的死亡”[③]。

---

① 既有物质空间想象层面，也有心理感受层面。

②〔美〕柯林·罗，〔美〕弗瑞德·科特，著. 拼贴城市 [M]. 童明，译. 上海：同济大学出版社，2021：60 注释 11.

③ 张沛. 乌托邦的诞生 [J]. 外国文学评论，2010(4)：119-127.

原初的桃花源是陶渊明基于特定的历史境况而展开的美好的想象，这种想象被安置在一个与世隔绝的场所、一个外人无法刻意进入的场所，就是为了维持想象的内在逻辑的完整性、避免想象的破裂。也就是说，陶渊明的设想其实包含一种现实化的意图。而后来，桃源仙境在唐代的兴盛，也是与唐朝的社会文化背景密切相关的；正是因为佛教和道教的兴盛，人们将神仙世界视作往生之地，而那个自己必将抵达的地方被视作桃花源，正反映了一种现实化的需求。更不必说到了宋代之后，人们将世间真实存在的地方视作一个个桃花源，将自己的村落、园林、居室，甚至是内心视作桃源，都是希望自己能够时刻存在于桃源之中……由此可见，桃花源的提出充满了现实化的需要，或者说人们正是为了抵抗现实生活的不满，从而“发明”出一个个桃花源来容纳自己的身体和心灵。

用一个简单的、日常化的例子，或许能更好帮助我们辨析桃花源和乌托邦。当我们对某人的理想抱有祝福和美好的期待之时，我们会将其向往之地称之为他的“桃花源”；然而，当我们认定他的理想不过只是超越实际的空想之时，“乌托邦”便会成为我们用以嘲弄他的表述——两者显然无法交换使用。

总而言之，当我们在讨论陶渊明笔下最为原初的桃花源之时，使用“乌托邦”作为替换词并不存在什么大碍；但是，当我们将桃花源视作一个中国文化概念，特别是具有长久历史发展的文化概念之时，乌托邦与之的差异就显得悬殊了。

2.3 东亚文化圈中的桃源流变

在东亚文化圈中，受到桃源文化影响最大的当属朝鲜（今朝鲜和韩国）和日本。

2.3.1 朝鲜：意象组合

新罗时代（668—901），萧统编纂的《昭明文选》传入朝鲜半岛，陶渊明的九篇诗文[①]随之广泛流传，这是目前所见最早出现在古朝鲜有关陶渊明的文献。在新罗人崔致远（855—915？）的诗歌中，最早出现了陶渊明的形象，不过尚不能确定这一时期《陶渊明集》已传入朝鲜本土。而至迟到12世纪中叶，陶渊明诗文集传入了朝鲜并广受欢迎，陶渊明诗文的化用已时常出现在朝鲜诗人的汉诗之中。[②]

例如，诗人李仁老（1152—1220）就曾模仿《桃花源记》写作了《智异山青鹤洞记》：

智异山或名头流山，始自北朝白头山而起，花峰萼谷绵绵联，至带方郡。蟠结数千里，环而居者十余州，历旬月可穷其际畔。古老相传云，其间有青鹤洞，路甚狭才通人行，俯伏经数里许，乃得虚旷之境，四隅皆良田沃壤宜播植，唯青鹤栖息其中，故以名焉。盖古之遁世者所居颓垣壤堑犹在荆棘之墟。昔仆与堂兄崔相国，有拂衣长往之意，乃相约寻此洞。将以竹笼盛牛犊两三以入，则可以与世俗不相闻矣。遂自华严寺至花开县，便函宿神兴寺，所过无非仙境。千岩竞秀，万壑急流，竹篱茅舍，桃杏掩映，殆非人间世也。而所谓青鹤洞者，卒不得寻焉。[③]

① 这九篇诗文分别是《始作镇军参军经曲阿作》《辛丑岁七月赴假还江陵夜行涂口》《拟挽歌辞三首》《饮酒·结庐在人境》《饮酒·秋菊有佳色》《咏贫士七首》《读山海经十三首》《拟古·日暮天无云》《归去来兮辞》。

② 严明，谢梦洁．朝鲜、日本对陶渊明诗文的接受[J]. 苏州教育学院学报，2020，37(2)：2-10.

③ 金宽雄，金东勋．中朝古代诗歌比较研究[M]. 牡丹江：黑龙江朝鲜民族出版社，2005：92.

青鹤洞的“路甚狭才通人行，俯伏经数里许，乃得虚旷之境”与桃花源的“初极狭，才通人；复行数十步，豁然开朗”，青鹤洞的“四隅皆良田沃壤宜播植”与桃花源的“有良田美池桑竹之属”，以及青鹤洞最终的“卒不得寻”与桃花源的“不复得路”，两者描绘如出一辙。在这一文章中，李仁老将桃源分为两个层面：现实层面的田园生活、神仙层面的“青鹤洞”，李仁老想寻找青鹤洞的目的在于想和堂兄携牛犊拂衣遗世而居，追求田园生活而非求仙①，这似乎是在糅合陶渊明原初的桃花源以及唐代的仙境桃源之后，根据心中所想而最终做出的选择。

另外，李仁老同样留下了一首诗《游智异山》，就像《桃花源记》和《桃花源诗》的组合一样：

头流山回暮云低，万壑千岩似会稽。策杖欲寻青鹤洞，隔林空听白猿啼。楼台缥缈三山远，苔藓依稀四字题。始问仙源何处是，落花流水使人迷。②（《东文选》卷十三）

在朝鲜、韩国现存的《桃花源记》题材绘画中，最早的是朝鲜李朝初期画家安坚（An Gyeon，生卒年不详）的《梦游桃源图》（Mongyu Dowondo），这幅画描绘的是安平大君（李瑢，1418—1453）在梦中访问桃花源的故事（图 2-13）。在画面中，一切人事活动都被剥离，唯余永恒的桃树、茅亭和孤舟，正如安平大君的记文中所言：“四山壁立，云雾掩霭，远近桃林，照映蒸霞，又有竹林茅宇，柴扃半开，土砌已沉，无鸡犬牛马，前川唯有扁舟，随浪游移，情境萧条，若仙府然。③”

石守谦研究认为，这种表现方式具有佛教绘画“仙境山水”的特征④；其从左至右的特殊构图方式，被其他一些学者解读为表现梦游之“非合理性”⑤，而石守谦认为这是参考了佛经扉画的形式⑥。然而，笔者认为这些揣测有些过

① 吕菊．陶渊明文化形象研究 [D]．上海：复旦大学，2007：165.

② 金宽雄，金东勋，主编．中朝古代诗歌比较研究 [M]．牡丹江：黑龙江朝鲜民族出版社，2005：93.

③〔韩〕安辉濬，李炳汉．安坚与梦游桃源图 [M]．首尔：艺耕产业社，1991：163.

④ 石守谦．移动的桃花源：东亚世界中的山水画 [M]．北京：生活・读书・新知三联书店，2021：53-56.

⑤〔日〕小川裕充．卧游・中国山水画——那个世界 [M]．东京：中央公论美术出版，2008：256.

⑥ 石守谦．移动的桃花源：东亚世界中的山水画 [M]．北京：生活・读书・新知三联书店，2021：53.

图 2-13 朝鲜李朝安坚《梦游桃源图》（日本奈良天理大学中央图书馆藏）

图 2-14 明·陆治《桃花源图》（嘉德 2007 年四季第十期拍品）

度解读了，因为在这种短幅手卷中，将桃源叙事从左向右而非常规的从右向左的布置方式并非孤例，这是由于短幅手卷完全可以整体摊开欣赏。比如明代画家陆治（1496—1576）的《桃花源图》就采用了从左向右的叙事结构（图 2-14）。

因此，毋宁说这一绘画意在表现“仙境山水”，不如说意在传达“梦境山水”——通过人物及故事情节的消解，为梦境的理解提供更多可能，进而承载更多不同的关于理想的想象。

其中，安平大君在记文中陈述自己之所以选择了朴彭年（1417—1456）、崔恒（1409—1474）、申叔舟（1417—1475）等文士同游，乃因其“性好幽僻，素有泉石之怀，而与数子者交道尤厚，故致此也”[①]，可见他希望借由桃花源来展现自己的文士理想。在梦游桃源之后的 1451 年，安平大君在京城之北的武溪洞营建了“武溪精舍”，“吾尝梦游桃源矣，及得此仿佛乎，梦中之见，岂造物者有所待耶？！”[②]由是，安平大君实现了他的桃源梦；不过两年之后，他仍死于政争之中。

①〔韩〕安辉濬，李炳汉．安坚与梦游桃源图 [M]. 首尔：艺耕产业社，1991：163.

②〔韩〕安辉濬，李炳汉．安坚与梦游桃源图 [M]. 首尔：艺耕产业社，1991：37-40.

崔恒在《梦游桃源图》上题诗云："扰扰宦情螳怖雀，纷纷世态触争蛮"，表达了自己对于政治纷争的厌恶以及渴望自由的心境；或许，这一心境也是安平大君所共有的吧！

朴彭年则在其所题《梦桃源序》中论及了"觉梦之论"，虽然类似于"庄周梦蝶"，但是在一定程度上表达了当时心境所具有的理想状态与古意的契合，事实上在图像的基础上重新发展了新的内涵：

> 吾神不倚形而立，不待物而存，感而遂通，不疾而速，有非言语形容之所及也。庸讵以觉之所为为真是，而梦之所为为真非也哉？而况人之在世，亦一梦中也。亦何以古人所遇为觉，而今人所遇为梦？①

也就是说，通过图画本身意义的模糊性，结合题跋记文中不同的理解和感悟，《梦游桃源图》展现出了多重桃源意象的组合，这很可能反映了"当时朝鲜人士企图以对桃源传统的'集大成'诠释，来为其对桃源化身在韩国之发现与实现进行全盘说明的心理需求"②。

事实上，从整体上看，朝鲜时期的桃源题材绘画也具有一个特点，就是时常将《桃花源记》的内容与其他桃源相关文本相互混用。例如，郑缮和金喜诚的作品中，用王维的《桃源行》作题跋，但绘画上的人物不是《桃源行》的"樵客"，而是《桃花源记》的"渔夫"；另外，在朝鲜画家临摹的中国画谱《千古最盛帖》中，也有题跋引用《桃源行》诗句但绘画表现《桃花源记》，或题跋引用《桃花源记》但画中表现《桃源行》景象的情况③，这些同样可以视作是对中国传来的桃源意象的组合与再现。

---

①〔韩〕安辉濬，李炳汉．安坚与梦游桃源图 [M]. 首尔：艺耕产业社，1991：235.

② 石守谦．移动的桃花源：东亚世界中的山水画 [M]. 北京：生活·读书·新知三联书店，2021：57.

③〔韩〕李殷采（LEE Eunchae）．18 世纪韩日绘画中中国绘画的影响研究——以《桃花源记》《归去来辞》题材为中心 [D]. 杭州：浙江大学，2021：17.

除此之外，桃源意象也常常与其他相关的意象组合起来，构成一个更为丰满的主题阐释。例如，李用休（1708—1782）在《题桃源图》中有“隆中长啸之人，栗里咏荆之士，皆宜置桃花源里”之句，以“隐”为线索将诸葛亮与陶渊明联系起来；金道洙（1699—1733）则是在《题桃源图后》中借“桃源”阐释《易经》坤四等[①]。在这些例子中，桃源意象作为一个容器，容纳了更为广泛的典故，从而实现了意义的拓展与超越。

2.3.2 日本：心隐文化

学界一般观点认为，日本接受陶渊明诗文最早的是奈良时代初期的歌人山上忆良（660？—733？），一些学者认为他的和歌《贫穷问答歌》有可能受到了陶渊明《咏贫士》七首的影响；然而部分学者也表达了不同看法[②]。根据平安时期藤原佐世（828—898）奉敕编撰的《日本国见在书目录》（819年）记载，当时已有《陶潜集》十卷本传世，可知陶集至迟在9世纪末已传入日本[③]。

桃花源意象在日本地区的传播，尤以15世纪的五山禅僧最值得注意，他们结合佛家思想，发展出“心隐文化”，强调回归本心而得超越之自由。

在相传为岳翁藏丘（约活跃于15世纪中后期）所绘的《武陵桃源图》中，只保留了渔人到达桃花源山洞入口的场景，留给人们关于桃花源理想生活场景的无尽遐想（图2-15）；而通过画图的尺幅和绘画手法，可以确认此画与另一幅《太白观瀑图》为同一套立轴，而后者并未直接呈现隐居的生活空间，而是借由一个非常局部的场景表达了超脱尘世、尽享自然的生活状态以及相应的归隐之心（图2-16）。

---

① 转引自：崔雄权．心象风景：韩国文人笔下的“桃源图”诗文题咏[J]．外国文学研究，2022，44(3)：100-111.

② 例如，根文次郎（1903—1981）、吉川幸次郎（1904—1980）、黑川洋一（1925—2004）等人认为《陶渊明集》在山上忆良所处的时代还未在日本刊行，并且当时陶渊明的影响并不大。

③ 严明，谢梦洁．朝鲜、日本对陶渊明诗文的接受[J]．苏州教育学院学报，2020，37(2)：2-10.

图2-15 （传）室町·岳翁藏丘《武陵桃源图》
（东京出光美术馆藏）

图2-16 （传）室町·岳翁藏丘《太白观瀑图》
（东京出光美术馆藏）

“五山禅僧虽身处政治与宗教在现实中复杂纠缠之环境中，但只要坚持其‘心隐’实践中的内在丘壑之志，仍可望超越形迹，进入心中的桃花源。[①]”诗僧太白真玄（？—1415）在《寄桃源故人诗轴序》一文中将故人一雄尊公的居所视为桃花源，因为在此处他的心灵能够得以隐居：“吾愿其地是缩问一雄之在家，荣辱不预，治乱不闻，以游以遨于桃花岸岸，红雨烂熳之际，而不知柯之将烂矣。”[②]而在室町时期五山文化圈中流传甚广的《溪阴小筑图》（图 2-17）中也有太白真玄的序文，通过序文可知，该画描绘的是京都城内的居所，建筑与大山水的关系事实上只存在于作者心中，不过，太白真玄还是将其与桃花源相比，尽管此时已无任何要素来提示桃花源的空间形式了。这说明，这种精神层面的“心隐”，作为日本五山禅僧的新发明，已经被纳入桃源文化之中。

总的来说，“桃花源”作为一种理想生活，在历史的流变中主要呈现出了三种基本模式：仙境、田园和隐居（图 2-18），其中“田园”又常常与上古风俗联系在一起；而模式的转型总是随着社会语境的变化不断发生。既然桃花源所承载的“空间”和“事件”无法保持其外在形式的连贯性，那么就必须转向其内在本质的思考，而内在本质必然是基于特定的哲学思想观念而成长起来的。

① 石守谦．移动的桃花源：东亚世界中的山水画 [M]．北京：生活·读书·新知三联书店，2021：59.

②〔日〕上村观光，编．五山文学全集 第三卷 [M]．京都：思文阁出版社，1973：2234-2235. 转引自：石守谦．移动的桃花源：东亚世界中的山水画 [M]. 北京：生活·读书·新知三联书店，2021：61.

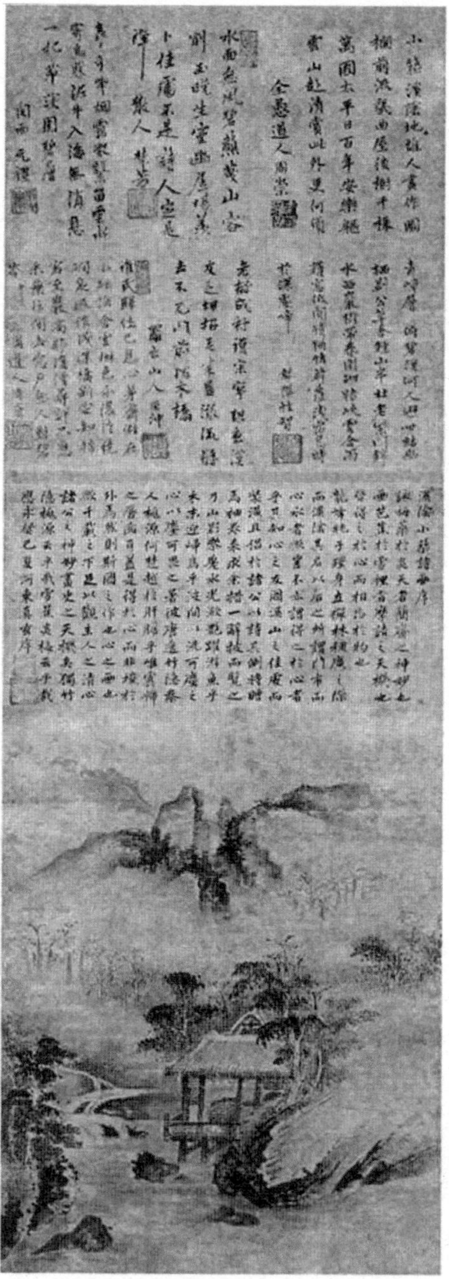

图 2–17　室町《溪阴小筑图》（京都金地院藏）

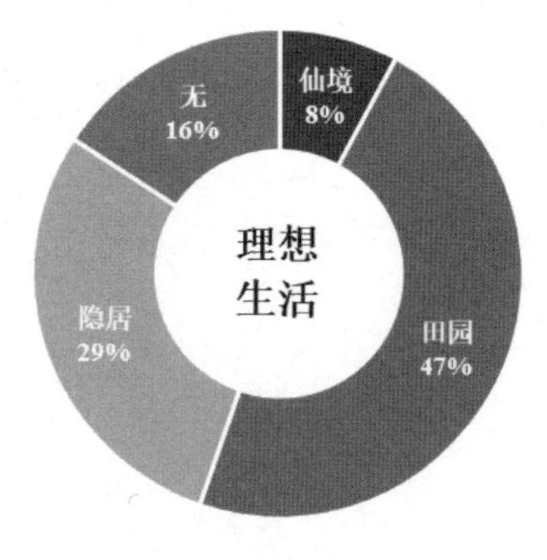

图 2–18　桃源绘画中有关理想生活的描绘
（作者自绘）

第3章 不变的桃花源

陶渊明不仅是一位诗人，也是一位哲人，他的许多诗都可以看作是一位哲人以诗的形式写成的哲学著作。不论是《桃花源记》，还是《桃花源诗》，背后都反映了陶渊明本人深厚的思想内涵。

3.1 桃花源的哲学基础

对于陶渊明哲学思想的来源，古今学界一直有所争议。通过陶渊明文本中的引用，我们便可以见得端倪：

从《古笺定本》引书切合的各条看，陶诗用事，《庄子》最多，共四十九次，《论语》第二，共三十七次，《列子》第三，共二十一次。①

① 朱自清，著；蔡清富，等，编选．朱自清选集 第2卷 学术论著[M]．石家庄：河北教育出版社，1989：340.

因此，有学者赞成陶渊明深受儒家思想影响，同时也有观点认为道、佛思想才是陶渊明生命哲学的主导。这种争论一直存在着，而有关桃花源的《记》和《诗》背后的哲学渊源，也自然处在类似的争议之中。

刘大杰（1904—1977）先生很早就指出，在陶渊明的思想里“有儒道佛三家的精华而去其恶劣习气”①。我们可以尝试从不同的角度做逐一的分析。

3.1.1 桃花源的道家思想基础

南宋理学家朱熹（1130—1200）曾如此评价陶渊明的思想：“渊明所说者庄、老”②，朱自清（1898—1948）也说：“陶诗里主要思想实在还是道家。”③由此可见，陶渊明的思想中充盈着道家的痕迹。

这受到了陶渊明的家族环境以及当时社会环境的双重影响。一方面，陶渊明本人十分推崇的祖父陶侃（259—334）即是天师道教信徒。于是在家族信仰的熏陶下，陶渊明也不可避免地受到了天师道教的影响④。而陶渊明的叔父陶淡（288—？）和从弟陶敬远（约382—411）也都笃行道教。他的外祖父是江夏名士孟嘉（生卒不详），其人品、风度、器识、修养都为一标准的玄学之士⑤。陶渊明一生接触了许多隐士和道士，他的隐居地与茅山的距离又不是很远，再加上他本人“心好异书”（颜延之《陶征士诔》），那么他吸取道教中有关茅山洞天的材料，加工提炼为《桃花源记》是完全有可能的⑥。另一方面，东晋道教理论家葛洪（283—363）的《抱朴子内外篇》在陶渊明生活的年代广泛流传于晋、宋官僚士大夫之间，因此陶渊明不无例外地受到了影响，而从《桃花源记》中也确实可以看出葛洪思想的痕迹，包括守常抱朴的桃源生活、安分知足的处世态度等等⑦。

---

① 刘大杰．中国文学发展史[M]．北京：中华书局，1941：203.

②〔宋〕黎靖德．朱子语类[M]．明成化九年陈炜刻本（1473），卷一百三十六．

③ 朱自清，著．蔡清富，等，编选．朱自清选集 第2卷 学术论著[M]．石家庄：河北教育出版社，1989：341.

④ 孙晨．陶渊明“桃花源”故事诞生的文化阐释[D]．广州：暨南大学，2015：44.

⑤ 任重，陈仪．陶渊明转向道家的思想轨迹[J]．重庆社会科学，2006(3)：64-69.

⑥ 张松辉．“桃花源”的原型是道教茅山洞天[J]．宗教学研究，1994（Z1）：47-52.

⑦ 陈立旭．葛洪思想对《桃花源记》的影响[J]．齐鲁学刊，1996(6)：84-85.

不过，要讨论桃花源与道家思想之间更为具体的关系，还必须回归到桃花源的生活形态和空间形态上。

《桃花源诗》中首句的“嬴氏乱天纪，贤者避其世”以及后面对桃源中人遵循时节刀耕火种，“虽无纪历志，四时自成岁”的描述[①]，暗示了桃源中人“避秦时乱”而“来此绝境”的真正原因：并非因为战乱，而是在秦始皇统治下无法按照自然规律展开生产生活而导致民不聊生。因此，在原初设定上，桃花源本就是一种对自然的回归，而对自然问题的关注是道家思想的重点所在。

其次，在桃花源空间形式特征中，最具特色的就是“山有小口”的岩穴意象。在中国的道教神仙信仰文化体系中，岩穴崇拜是一种重要的文化现象，南北朝时期产生了“福地洞天”的观念，至魏晋际岩穴崇拜观念进一步宗教化，影响进一步向世俗蔓延，而魏晋南北朝时期，道教的岩穴崇拜又与特定的历史文化背景融合起来。从东汉到魏晋时期，正是隐逸之风最为盛行的时代[②]，而道教的岩穴崇拜恰好适应了这种精神需求。岩穴意象成为了一种“集体无意识”的“原型意象”，在陶渊明的创作中不由自主地影响了《桃花源记》文本的生成[③]。作为成熟表现其隐逸理念的文本，《桃花源记（并诗）》借用老庄理想空间之理念，以陶自身的隐居生活为基础，结合现实主义与浪漫主义，构建起了隐逸文化的崇高范本。

不过，需要明确的是，道家和道教之间还是存在差别的。道教的影响在一定程度上为陶渊明浸润在相应的话语和文化中提供了契机，而道家的影响则主要体现在哲学思想层面。

3.1.2 桃花源的儒家思想基础

不同于朱熹，南宋大儒陆九渊（1139—1193）认为：“李白、杜甫、陶渊明，皆有志于吾道。[④]”南宋后期理学家真德秀（1178—1235）也在《跋黄瀛

①〔晋〕陶渊明，著；龚斌：校笺．陶渊明集校笺（修订本）[M]. 上海：上海古籍出版社，2019：467-477.

② 蒋寅．陶渊明隐逸的精神史意义 [J]. 求是学刊，2009，36(5)：89-97.

③ 邓福舜．《桃花源记》与道教岩穴崇拜 [J]. 大庆师范学院学报，2009，29(2)：83-85.

④〔宋〕陆九渊．象山全集 [M]. 明李氏刊本（1521）：卷三十四．

甫拟陶诗》中说："以余观之，渊明之学，正自经术中来，故形之于诗，有不可掩……渊明之智及此，是岂玄虚之士可望邪？[①]"李梦阳在《论学篇》中也有："赵宋之儒，周子、大程子别是一气象，胸中一尘不染，所谓光风霁月也。前此陶渊明亦此气象；陶虽不言道，而道不离之。"[②]安磐《颐山诗话》中也言："陶渊明诗冲澹深粹，出于自然，人皆知之；至其有志圣贤之学，人或不能知也……予谓汉魏以来，知遵孔子而有志圣贤之学者，渊明也。故表而出之。"[③]

事实上，钱钟书在《陶渊明诗显晦》一文中，即大量引用了古人的观点和文字来证明陶渊明所受的儒学影响，并且还对一些论说陶渊明道家思想的观点展开了反驳[④]。他最后用一句"余复拈出其儒学如左，以见观人非一端云"做出了总结。在这句话中，"观人非一端云"指出要全面地观察人[⑤]，这其实是为了呼应自己文中所言的，除了思想之外，陶渊明的志节也颇受人推重的观点，特别是他"耻事二姓"的传统儒家思想。在南朝梁文学家萧统所作《陶渊明传》中即如此言："自以曾祖晋世宰辅，耻复屈身后代，自高祖王业渐隆，不复肯仕。"同样地，南宋文学家洪迈（1123—1202）在《容斋随笔》中也表达了这一认知：

然予切意桃源之事，以避秦为言，至云"无论魏晋"，乃寓意于刘裕，托之于秦，借以为喻耳。近时胡宏（1105—1155或1106—1162）仁仲一诗，曲折有奇味，大略云"靖节先生绝世人，奈何记伪不考真，先生高步窘末代，雅致不肯为秦民。故作斯文写幽意，要似寰海离风尘。[⑥]"其说得之矣。[⑦]

---

①〔宋〕真德秀．西山真文忠公文集[M]．景江南图书馆藏明正德刊本（1520）：卷三十六．

②〔明〕李梦阳．空同子集[M]．明万历三十年长洲邓云霄刊本（1602）：卷六十六．

③〔明〕安磐．颐山诗话[M]．四库全书本（1781）：21-22.

④ 钱钟书．谈艺录[M]．北京：中华书局，1984：88-92.

⑤ 然而，当我们跳出钱钟书的视角来看这句话，就会发现"观人非一端云"与他在文中的论述是不相符的——既然观人不能只观一端，我们就不能忽视陶渊明背后明显且深刻的道家影响。例如，钱钟书在引用安磐的论述时，就省略了"冲澹深粹，出于自然，人皆知之"的表述，容易让人误以为安磐持有"陶渊明只受儒家思想影响"的观点，而事实上，安磐只是认为人们在知晓陶渊明受道家影响的同时，也应注意到在陶渊明诗文中流露出来的儒家思想痕迹。

⑥ 此诗为胡宏的《桃源行》。

⑦〔宋〕洪迈．容斋随笔[M]．宋本配明弘治本（1212），卷十：7.

3.1.3 桃花源的佛教思想基础

在魏晋南北朝时期，佛教在中国得以广泛传播，甚至在士大夫群体中也有所反映。透过东晋南方文人谢敷（313—362）等撰写的《观世音应验记》可以发现，在那个动荡的岁月里，士人们的佛教倾向极为普遍，尤其是远离首都及宫廷的南方文人，他们的佛教信仰既不强调哲学议论，亦不是简单的塑像信仰，而是更为平民化、平淡化和田园化①。日本学者小南一郎曾就当时南方文人撰《观世音应验记》这一现象发表看法："这种故事（观世音应验）都宣传向佛教皈依时的心情的重要性……士人们对这种一般人的故事感觉特别有兴趣的原因，就在于他们的佛教信仰重视心理状态这一倾向。"②

因此，佛教成为当时人们逃避现实苦难的一种精神途径。那么，具有相同目标的桃花源是否受到了佛教的影响呢？这一疑问，陈寅恪先生在《陶渊明之思想与清谈之关系》一文中就曾提出了："凡研究渊明作品之人莫不首先遇一至难之问题，即何以绝不发见其受佛教影响是也。③"

陈寅恪的观点认为，浔阳陶氏应该属于信奉天师道之世家，与释迦无涉④。而在之后的文章中，陈寅恪便直言"渊明之为人实外儒而内道，舍释迦而尊天师者也。⑤"这直接表明了他的观点。朱自清也认为："陶诗里实在也看不出佛教影响。⑥"

当代学者范子烨则以陶渊明《饮酒》二十首其二和庐山诸沙弥《观化决疑诗》为主，梳理了陶渊明与庐山佛教关系经历的两个阶段，说明陶渊明与庐山佛教在思想信仰上的矛盾是不可调和的，故陶渊明不入莲社⑦。

相较之下，朱光潜（1897—1986）先生则发表了不同意见："寅恪先生引《形影神》诗中'甚念伤吾生，正宜委运去。纵浪大化中，不喜亦不惧。应尽便须尽，

---

① 王启涛．陶渊明与佛教关系新证 [J]. 西南民族学院学报（哲学社会科学版），2001（10）：61-64.

②〔南朝宋〕傅亮，等，撰；孙昌武，点校．观世音应验记 三种 [M]. 北京：中华书局，1994：跋．

③ 陈寅恪．金明馆丛稿初编 [M]. 北京：生活·读书·新知三联书店，2001：217.

④ 陈寅恪．金明馆丛稿初编 [M]. 北京：生活·读书·新知三联书店，2001：93.

⑤ 陈寅恪．金明馆丛稿初编 [M]. 北京：生活·读书·新知三联书店，2001：229.

⑥ 朱自清，著；蔡清富，等，编选．朱自清选集 第 2 卷 学术论著 [M]. 石家庄：河北教育出版社，1989：342.

⑦ 范子烨．陶渊明与庐山佛教之关系新探 [J]. 学术交流，2023（10）：170-180.

无复独多虑’几句话，证明渊明是天师教信徒。我觉得这几句话确可表现渊明的思想，但是在一个佛教徒看来，这几句话未必不是大乘精义。此外渊明的诗里不但提到‘冥报’而且谈到‘空无’（‘人生似幻化，终当归空无’）。”①回到桃花源的相关文本，《记》和《诗》又是否受到了佛教思想的影响呢？丁永忠和龚斌围绕这个问题曾有过一番学术争论。

1997 年，丁永忠所作的《陶诗佛音辨》一书出版，成为陶学研究史上第一部研究陶渊明与佛教关系的专著。该书辨析了魏晋佛教对陶渊明其人及其作品风格的重要影响，并且深入探讨了佛教与魏晋南北朝文学及其流变的关系。

在该书的《浪漫陶诗与魏晋佛教及当代魔幻现实主义》（下）一章中，明确提出《桃花源记并诗》“渗有佛教‘理想国’之影响”，论据主要有三：（1）《记》最早见于陶潜的《搜神后记》，而后者是“释氏辅教”的专书之一，因此《记》也就有了“渗有当日佛说的可能”；（2）《桃花源记并诗》与支遁（314—366）所作的《阿弥陀佛像赞并序》形式结构非常一致，并且在序中都表达了对“无等级社会”的向往和对现实“王权专制制度”的反感；（3）《诗》中采用了“智慧”二字，这是“直接采用了魏晋佛经常用的新语词——‘智慧’”②。

对于丁永忠的这些论据，龚斌一一展开了反驳。他认为：（1）《搜神后记》是托名陶潜的书籍，并非陶潜所作，而且即使《记》出于《搜神后记》，也并不意味着书中的所有文章都在宣扬佛教；（2）《阿弥陀佛像赞并序》的形式结构完全是中国赞颂类文体的传统样式，绝不是什么佛教传入以后出现的文学新样式；（3）“智慧”一词有两种含义：一是指聪明、才智，这是中国固有的语义，二是在佛经中指破除迷惑证实真理的识力，在《诗》的“虽无纪历志，四时自成岁。怡然有余乐，于何劳智慧”之句中，“智慧”是“聪明”“才智”之义，而与佛教的“智慧”无关③。

丁永忠在看到龚斌的质疑之后，又做出了回应，并提出了“陶渊明真的未受佛教影响吗？”的反问④。他认为自己只是为了论证《记》和《诗》有可能

① 朱光潜．诗论 [M]．桂林：漓江出版社，2011：240.

② 丁永忠．陶诗佛音辨 [M]．成都：四川大学出版社，1997：177-179.

③ 龚斌．陶渊明受佛教影响说质疑——读丁永忠《陶诗佛音辨》[J]．九江师专学报，1999(4)：3-6，15.

④ 丁永忠．陶渊明真的未受佛教影响吗？——答龚斌先生质疑 [J]．九江师专学报，2000(2)：14-19.

受到佛教思想的影响，并未全盘否定传统儒道思想的影响，只是对其进行了补充；而龚斌的质疑大多也只是选取了特定的靶子，忽略了上下文的表述；除此之外，丁永忠对"智慧"的语义展开了更为具体的辨析，进一步阐明了这一表述可能受到佛教影响的事实，还用陶渊明在其他诗作中娴熟运用"冥报""非常身""空无""梦幻""不喜亦不惧"等佛教语词的事实来证明陶写作的佛教影响。当然，对于龚斌赞颂类文体的质疑，丁永忠表示了认可。他最后引用自己《陶诗佛音辨》一书中相关章节的结尾之句来进一步阐明自己的观点：

> 综合以上三点（指形式结构、思想内容、词汇），故笔者认为《桃花源诗并记》的产生，确曾受到当日佛教'理想国'的影响，虽然此种影响还较微弱，未足以掩盖其本土传统理想社会的特色，但也不应完全忽略不计。[①]

除两人的论争之外，王启涛在《陶渊明与佛教关系新证》一文仔细分析了《桃花源记》文本中部分词汇与佛典用词之间的关系，并且认为《记》中大量出现的四言句式与佛学之偈颂和佛典汉译时的四字一体化风格有关[②]；柏俊才则从陶渊明与信奉净土思想的慧远、周续之、刘遗民、张莱民等人的交往出发，探讨了佛教思想对他的熏陶，以及这些净土思想在《桃花源记并诗》中的反映[③]。

事实上，关于陶渊明及桃花源相关文本是否受到佛教思想的影响，一直是一个争议颇多、悬而未决的问题，本节的内容也并未包含所有相关的讨论。不过，透过这些典型的观点，我们可以大致得到一个结论：

综合看来，陶渊明笔下的桃花源的确在一定程度上受到了佛教的影响，不过这种影响并未到改变桃花源内在生成逻辑的程度，而只是对桃花源基于儒道思想形成的原初内涵进行了意义上的扩充，这也使得桃花源能够为更广泛的群体所接受，具有了更为普适的影响力。

---

① 丁永忠．陶诗佛音辨 [M]．成都：四川大学出版社，1997：179.

② 王启涛．陶渊明与佛教关系新证 [J]．西南民族学院学报（哲学社会科学版），2001(10)：61-64.

③ 柏俊才．论净土思想对《桃花源记并诗》之影响 [J]．武汉科技大学学报（社会科学版），2007(3)：319-323.

3.2 陶渊明的“自然”观念

然而，无论是道家、儒家还是佛教，都只是从陶渊明思想的某个影响层面提出了一些思考。而现当代的许多学者，开始从哲学史的角度分析陶渊明的思想脉络，从而发现了陶渊明思想中对于“真”“自然”等观念的特别关注。

需要明确的是，这些学者们所讨论的“自然”并非现代汉语中“大自然”“自然界”的含义，而是代表了中国文化中对于“自然”的认识。这一思想源于老庄哲学，其根本涵义在于“道法自然”“自然而然”，意即世间万物皆按照自身本质、任其自然地发展变化，从而保持着自然而然的状态[①]。正所谓“人法地，地法天，天法道，道法自然。”（《道德经》第二十五章）

3.2.1 “真”

朱熹论陶侧重人品评价和平淡诗风，如“晋、宋人物，虽曰尚清高，然个个要官职，这边一面清谈，那边一面招权纳货。陶渊明真个能不要，此其所以高于晋、宋人也”[②]；“陶渊明诗平淡，出于自然”[③]；“渊明诗所以为高，正在不待安排，胸中自然流出”[④]。

“批评文艺有两个着眼点：一是时代心理，二是作者个性。古代作家能够在作品中把他的个性活现出来的，屈原以后，我便数陶渊明。[⑤]”在梁启超的《陶渊明之文艺及其品格》一文的开头，他便开门见山，直指陶渊明在作品中对于自己个性真实、鲜活的展现，这便是“真”。

① 有关“自然”的哲学思想，可参见：冯友兰 . 中国哲学史新编 [M]. 北京：人民出版社，2004：516-518.

②〔宋〕朱熹 . 朱子全书 [M]. 上海：上海古籍出版社，2002：1226.

③〔宋〕朱熹 . 朱子全书 [M]. 上海：上海古籍出版社，2002：4322.

④〔晋〕陶渊明，著；陶澍，注 . 靖节先生集 [M]. 上海：上海古籍出版社，2015：205.

⑤ 梁启超 . 陶渊明 [M]. 上海：商务印书馆，1929：1.

梁启超的这一观点是通过对比陶渊明同一时期的诗人而得出的，他认为陶渊明的作品具备以下两种特质：一是“不共”，就是他的作品完全脱离了摹仿的套调，不是和别人共有的诗格；二是“真”，也就是绝无一点矫揉雕饰，把作者的实感，赤裸裸地全盘表现，而不过于受到辞藻的束缚[①]。以《归去来兮辞》中的“序”为例来说：

> 这篇小文，虽极简单极平淡，却是渊明全人格最忠实的表现……渊明这篇文，把他求官弃官的事实始末和动机赤裸裸照写出来，一毫掩饰也没有，这样的人，才是“真人”，这样的文艺，才是“真文艺”。[②]

在陶渊明的诗句中，有关“真”的诗句的确频频出现。例如，《饮酒》其二十云：“羲农去我久，举世少复真。汲汲鲁中叟，弥缝使其淳”，《劝农》诗中有“悠悠上古，厥初生民，傲然自足，抱朴含真”，《感士不遇赋》中则云：“抱朴守静，君子之笃素。自真风告逝，大伪斯兴”……

在这些诗句中，“真”“淳”“抱朴”等话语往往同时出现，显然反映出老庄自然哲学的影响。在老庄哲学中，“真者，所以受于天也，自然不可易也。故圣人法天贵真，不拘于俗”（《庄子 · 渔父篇》），也就是说“真”是一种自然的秉性；“淳”则见于“其政闷闷，其民淳淳；其政察察，其民缺缺”（《道德经》第五十八章），阐述的是在政令模糊时，百姓依循自然而生产生活，于是能够培养出忠厚、淳朴、善良的品质，而相反的是，如果政令十分清晰严格，人们只能依据人为设定的原则发展，那就会逐渐远离自然，出现奸诈的现象；“抱朴”则出自“见素抱朴，少私寡欲”（《道德经》第十九章），行为单纯、内心淳朴，“抱朴”是达至“淳”的一种内心的坚持。综合看来，“淳”和“抱朴”都与“真”相关，而“真”则是基于最根本的“自然”。

事实上，强调陶渊明的“真”的观点早有呈现。南朝梁萧统所著的《陶渊明传》中即有“（陶）潜少有高趣，博学善属文，颖脱不群，任真自得”的语句。

① 梁启超 . 陶渊明 [M]. 上海：商务印书馆，1929：2.

② 梁启超 . 陶渊明 [M]. 上海：商务印书馆，1929：15-16.

除此之外，现当代的许多学者也十分强调这一观点。例如，袁行霈先生也认为，陶渊明思想的关键在于“返归于真”[①]：

通过泯去后天的经过世俗熏染的“伪我”，以求返归一个“真我”，这个真我是自然的，也是顺化的。这里的关键在于“返归”，他所谓“养真”的目标就是返归于真。[②]

“养真”的“真”既是一个老庄哲学范畴，也是一个个人理想道德范畴。“真”是一种至淳至诚的精神境界，这境界是受之于天的，性分之内的，自然而然的；陶渊明承袭了老庄哲学中这一关乎“真”的哲学思考。陶渊明通过“含真”“任真”“养真”来实现真的境界，“含真”意味着抱“真”不变；“任真”是以“真”为第一，其他都要服从于“真”；“养真”则强调后天的努力，通过努力进德修养实现“真”的人生态度。[③]对于陶渊明来说，“养真”是贯穿他全部生活的一种人生哲学。

当代学者刘奕也认为：一方面，“陶渊明深受魏晋玄学影响，一生追求真之境界”，这是他的时代性；另一方面，“陶渊明求真的方式是砥砺德性之诚，并敦行实践，最后竟以诚笃自省的方式”，达致人生真境，这是他超越时代之处[④]。“诚之以求真”的思想底色贯穿于陶渊明的人生与创作中，所以作者选择用“诚与真”来命名自己研究陶渊明的著作[⑤]。

陶渊明之所以能够表现出如此“真”的品格，必然基于他本人的人生观和价值观。梁启超用“自然”两个字来概括他的人生观：

《归园田居》诗云：“久在樊笼里，复得返自然。”《归去来兮辞序》云：

---

① 袁行霈在《陶渊明研究》一书中对于其哲学思想的研究，主要集中在《陶渊明的哲学思考》《陶渊明与魏晋风流》《陶渊明崇尚自然的思想与陶诗的自然美》等文章之中。

② 袁行霈．陶渊明研究 [M]．北京：北京大学出版社，1997：21-22.

③ 袁行霈．陶渊明研究 [M]．北京：北京大学出版社，1997：16-20.

④ 刘奕．诚与真：陶渊明考论 [M]．上海：上海古籍出版社，2023：164.

④ 贺伟．从历史语境抵达作者的世界——评刘奕《诚与真：陶渊明考论》[J]．文艺研究，2024(4)：149-160.

“质性自然，非矫厉所得。饥冻虽切，违己交病。”他并不是因为隐逸高尚有什么好处才如此做，只是顺著自己本性的自然。“自然”是他理想的天国，凡有丝毫矫揉造作，都认作自然之敌，绝对排除。他做人很下坚苦功夫，目的不外保全他的“自然”。[①]

梁启超观点中所说的“自然”，本质上还是与“真”紧密相关的，强调“不矫揉造作”“顺应本心”的“自然”。

3.2.2 “自然”

不过，陶渊明思想中的“自然”拥有十分丰富的内涵，于是一些学者开始用“自然主义”“新自然说”等话语来承载对陶渊明思想的理解。

胡适（1891—1962）先生认为陶渊明“一生只行得‘自然’两个字”[②]：

他的意境是哲学家的意境，而他的言语却是民间的言语。他的哲学又是他实地经验过来的，平生实行的自然主义，并不像孙绰（314—371）、支遁（约314—366）一班人只供挥麈清谈的口头玄理。所以他尽管做田家语，而处处有高远的意境；尽管做哲理诗，而不失为平民的诗人。[③]

在胡适看来，陶渊明的自然主义是与他的田园生活实践紧密相关的，这种自然主义既是脚踏实地的，又具有高远的意境。

著名哲学史家容肇祖（1897—1994）在其《魏晋的自然主义》一书中，专设“陶潜的思想”一章，将陶渊明主要思想概括为“自然主义”和“乐天主义”两点[④]。所谓“自然主义”，指的是他能够欣赏自然、服从自然，以及放纵自己身心于自然的陶醉中，他的放纵有时只求个性的合适，绝不顾社会的礼教以及他人的

① 梁启超．陶渊明[M]．上海：商务印书馆，1929：25-26.

② 胡适．白话文学史[M]．北京：中国和平出版社，2014：105.

③ 胡适．白话文学史[M]．北京：中国和平出版社，2014：106.

④ 容肇祖．魏晋的自然主义[M]．北京：东方出版社，1996：92-97.

批评；而所谓的“乐天主义”，是在陶渊明思想的转变中逐渐形成的：他的思想本来是积极的、社会的，但因为时代的关系、人事的变化，使得他的壮志消磨而成为消极的、个人的、乐天的见解，主要的表现形式就是一种“在世的务农的快乐主义”[①]。

他最后总结道：“陶潜的思想，是在世乱的时代，亲作农民的生活，由此体认而得的自然主义以及乐天主义的理解，较之一些清谈家真是认识较真，较为切实的。[②]”由此看来，容肇祖的观点与胡适是统一的。

陈寅恪在《陶渊明之思想与清谈之关系》一文中，则将陶渊明的思想总结为“新自然说”，强调“融合精神于运化”，即与大自然为一体[③]：

渊明之思想为承袭魏晋清谈演变之结果，及依据其家世信仰道教之自然说而创设之新自然说。惟其为主自然说者，故非名教说，并以自然与名教不相同。但其非名教之意仅限于不与当时政治势力合作，而不似阮籍、刘伶辈之佯狂任诞。盖主新自然说者不须如旧自然说之积极抵触名教也。又新自然说不似旧自然说之养此有形之生命，或别学神仙，惟求融合精神于运化之中，即与大自然为一体。因其如此，既无旧自然说形骸物质之滞累，自不至与周孔入世之名教说有所触碍。故渊明之为人实外儒而内道，舍释迦而宗天师者也。

在这种理解中，陶渊明的“自然”观念已经突破了自身的“真”，而达到了一种与自然运化相融合的境界。

袁行霈先生认为，这种新旧自然说的区分是“极有卓见”的，不过旧自然说严格来讲并不自然，“佯狂任诞也是一种对人的自然本性的扭曲”，当自然成为对抗名教的武器的时候，就已经不自然了。相较看来，陶渊明才是真的自然。所以袁行霈建议将陈寅恪所称的“旧自然说”改为“佯自然说”，而陶渊明的“新自然说”则是“真自然说”[④]。

---

① 容肇祖．魏晋的自然主义[M]．北京：东方出版社，1996：96.

② 容肇祖．魏晋的自然主义[M]．北京：东方出版社，1996：97.

③ 陈寅恪．陶渊明之思想与清谈之关系[M]．太原：山西人民出版社，2014.

④ 袁行霈．陶渊明研究[M]．北京：北京大学出版社，1997：21.

袁先生认为，“陶渊明思考的第一个问题就是人如何保持自然，也就是人如何才能不被异化。”[①]由此他提出了一个有关陶渊明“自然”思想更为全面的观点：“自然”首先代表一种自在的状态，陶渊明所说的“质性自然，非矫厉所得”（《归去来兮辞（并序）》）正是如此；陶渊明的“自然”其次含有自由的意味，“久在樊笼里，复得返自然”（《归园田居（其一）》）正是取摆脱世俗的自由之意；再次，“自然”是一种美学思想，是陶渊明欣赏自然事物的基本理念；最后，“自然”是陶渊明用以化解人生苦恼的良药，通过形影神问题的讨论来调和人生观中对不同问题的思考。[②]

可见，陶渊明的“自然”思想既是实践的，又是哲思的；既有美学属性，又有实用功能；既与本人密切相关，又与自然运化相融合。

3.2.3 “顺化”

袁行霈先生研究陶渊明最为突出的见解，就是“不仅将他作为一位诗人来研究,还将他作为一位哲人来研究”[③]。他将陶渊明的思想总结为三个方面,即“自然”“顺化”“养真”。

其中，“顺化”是一个相对独到的理解。“顺化”的“化”包含三个方面：一是世间万物的变化迁徙，二是不可抗拒的万物自身变化的规律，三是人由生到死的变化过程[④]。世间万物总是处在不断的变化过程中，人只能去适应万物的变化；而面对无可抗拒的变化，只能顺应它而不能超越它，包括人的死亡，所以要对生死之事保持泰然。

综合来看，陶渊明的这些哲学思考是以诗的形式展现出来的，并没有经过严格的逻辑论证。不过，他将这些哲学思考与自己的生活实践结合在一起，从而令自己得到了精神的满足，达至超然悠然的心境。

---

① 袁行霈．陶渊明研究[M]．北京：北京大学出版社，1997：3.
② 袁行霈．陶渊明研究[M]．北京：北京大学出版社，1997：3-12.
③ 袁行霈．陶渊明研究[M]．北京：北京大学出版社，1997：409.
④ 袁行霈．陶渊明研究[M]．北京：北京大学出版社，1997：12.

3.3 桃花源作为“自然”空间范式

范式（paradigm）由美国著名科学哲学家托马斯·库恩（Thomas Samuel Kuhn，1922—1996）提出，并在其《科学革命的结构》（*The Structure of Scientific Revolutions*，1962 年）一书中系统阐述。范式指的是一个共同体成员所共享的信仰、价值、技术等的集合，是从事某一科学的研究者群体所共同遵从的世界观和行为方式①。

意大利哲学家吉奥乔·阿甘本（Giorgio Agamben，1942—）在《万物的签名：论方法》（*Signatura Rerum*，2008 年）一书中，就“范式”的概念本身展开了更为广泛且深入的探讨。通过对福柯、康德、亚里士多德、恩佐·梅兰德里（Enzo Melandri）等学者的相关理论的对照分析，阿甘本提出范式的一个重要特征是②：范式是一种认知的形式，它既不是归纳的，也不是演绎的，而是类比的。它从独一性走向独一性。

在库恩看来，范式是一种对本体论、认识论和方法论的基本承诺，是科学家集团所共同接受的一组假说、理论、准则和方法的总和，这些东西在心理上形成科学家的共同信念。结合阿甘本的观点，范式的群组绝不由范式所假定，它内在于范式。也就是说，一个特定的范式本身所承载的认识和方法，通过类比的方式推广至群组中的其他对象，范式的历史性存在于历时性与共时性的交汇之中③。

对于原初的桃花源以及后世新的发展而言，其内在贯彻的结构的确是类比性的——通过前文的分析，我们可以看到，在过去的 1 600 多年时间里，“桃花源”作为一个特殊的文化概念，经历了诸多内涵的转变，也在不同的文化载体中有

①〔美〕托马斯·库恩 . 科学革命的结构 [M]. 金吾伦，胡新和，译 . 北京：北京大学出版社，2003：157.
②〔意〕吉奥乔·阿甘本 . 万物的签名：论方法 [M]. 尉光吉，译 . 北京：中央编译出版社，2017：3-33.
③〔意〕吉奥乔·阿甘本 . 万物的签名：论方法 [M]. 尉光吉，译 . 北京：中央编译出版社，2017：32.

了更多的发展。而在这一过程中，这些理想空间的想象之所以能被统一称作“桃花源”，是因为它们在本质上共享了一套关于空间的认识，以及空间生成的方法，也就是一种空间范式（spatial paradigm），并通过类比的方式实现。于是，揭示这种空间范式，就成为切入桃花源研究的重中之重。

第一，桃花源的空间认识，本质上所指的就是陶渊明在写作桃花源之时所具有的思想观念，以及桃花源形成的各种哲学基础。经由上节的研究，中国文化中有关“自然”的认识已经呼之欲出，这种顺应自然、自然而然的状态构成了桃花源空间的内在本质。

第二，这种空间范式对应的空间生成方式，则需要做进一步的辨析。对于建筑研究而言，这种操作方法是更具实用性的，因为它与建筑学中的空间操作问题更加紧密相关，也涉及我们如何采用桃花源的空间范式来展开空间设计。

3.3.1 空间原则：“自由”理想

在中国哲学中，宇宙秩序和道德秩序是相统一的。中国古人赋予了宇宙一种深奥的道德，它表现为一种和谐，政治、社会生活都必须依从它[①]。因此，中国哲学，特别是道家思想中对于宇宙万物“自然”的认识，就自然而然地转化为一种人性与道德的“自然”观念。通过拒绝机械式的推理，顺应自身的纯粹形式，从而避免焦虑，避免丧失自由[②]。

那么，桃花源是如何展现其“自由”观念的？这主要体现在两个层面：一是原初桃花源本身形成的过程中展现出的“自由”，不论是在文本内容层面还是文本的创作者层面；二是在历史发展的不同阶段中，桃花源始终被读者不断展开新的阐释，而这些阐释都是基于读者对于“自由”的想象而展开的。

首先，《桃花源诗（并记）》约创作于南朝宋永初二年（421 年），此时距陶渊明义熙元年（405 年）辞彭泽令开始彻底的归隐已过去十余载，他的田

---

① 许煜．论中国的技术问题——宇宙技术初论 [M]. 卢睿洋，苏子滢，译．杭州：中国美术学院出版社，2021：68-74.

② 许煜．论中国的技术问题——宇宙技术初论 [M]. 卢睿洋，苏子滢，译．杭州：中国美术学院出版社，2021：86-91.

园生活图景以及有关“自然”的思想已基本完善，因此有关“自然”的思想已然成为桃花源形成的基础，也就是说，陶渊明并未试图通过桃花源来表现自己新的自然认识。

《记》和《诗》出现的契机在于由东晋至南朝宋的朝代更迭，即刘裕篡位废晋恭帝司马德文之事，这令他心生愤懑，有感而发，以避秦之人喻当世之人，表达出自己在“天纪”混乱的年代里对于因循自然规律自由生活、不受严苛政令赋税约束的田园生活的赞颂。在这一过程中，两重的“自由”概念被揭示出来：一者关乎文本内容，即桃花源中的人们自由自在的生活方式；一者关乎文本的缔造者，即陶渊明本人基于社会问题而做出的自由的情感抒发。

这样一种存在于原始文本中的“自由”观念，在后世人们的阐释中被一直保留下来。

由唐宋元明清，直至现当代，社会政治环境不断发展变化，而人们也基于新的社会语境对文本不断展开了新的阐释（参见章节 2.1），而这些新的阐释构成的新文本，又成为后来者继续阐释的对象，由此不断反复，最终构成了一个纷繁复杂的以桃花源为核心意象的话语圈层。在这个圈层中，人们共享的思想源泉便是附着于整个中国文化发展脉络之上的“自然”观念，特别是其中有关“自由”的思想——正是因为不同的时代中，人们对于现实生活总是会有所不满，于是为了承载自身自由发展的需要，人们迫切希望建构起一个现世的桃花源，来实现自身的理想抱负或是精神栖居。

于是，桃花源摆脱了原初固有的理想生活形式的束缚，转而成为对现实不满的一种顺应本心的理想回应，正所谓“久在樊笼里，复得返自然”[①]。在这种人与社会的互动关系中，桃花源起到一个时空架构的作用，由此超脱了实体形式而发展为承载“自由”思想的象征空间。

因此，“自由”理想构成了桃花源空间生成的基本原则，如果这一空间不是因循“自由”而生成的，它就无法被称为“桃花源”。不过，这种自由可以是个人的自由，也可以是特定群体的自由。

---

① 诗中的“樊笼”与“尘网”皆指仕途或官场生活，因而此处的“自然”更意指“自由”，而非自然界。

3.3.2 空间形式："中"之顺化

以桃花源内部的生活为"自然"的代言词，则外部世界具有了与自由心灵不相匹配的"非自然"属性，由此呈现出二元对立的局面。在陶渊明的描绘中，这两者是可以相互转化的，至于两者之间实现转化的条件和形式，则必须回顾陶渊明描述的几组转化关系的内在差异。

总的看来，《桃花源记》中共描绘了四次转化（表 2-1），分别是村人避乱入桃源、渔人无意入桃源、渔人寻志不复得路，以及高士规往未果。粗略看来，前两者的转化是无意的，后两者则是刻意的；而基于更深层次的分析，前者是顺应自然事物的启示，包括与世隔绝的环境对人的庇护和自然山水路径的指引，而后者则试图通过人工标记或周密的计划来实现由"非自然"空间到"自然"空间的转化。从结果上看，陶渊明的态度是明确的：只有顺应自然，才能到达理想的彼岸。

袁行霈揭示的陶渊明思考的哲学问题之一便是"顺化"①，面对客观世界的变化更替、面对人生的短暂和对生死的困惑，陶渊明试图以顺应自然的方式，将自我纳入宇宙自然的整体中去，由此获得了自我的超脱。陶渊明以文学形式搭建起来的桃花源，也反映出他对于理想生活构造的设想，这个路径便是"顺化"。

表 2-1 《桃花源记》中的四次空间转化情况

	主人公	采用的方法	过程属性	结果
1	村民先人	避秦时乱，率妻子邑人来此绝境	自然而然	成功
2	渔人	缘溪行，忘路之远近……复前行，欲穷其林……林尽水源，便得一山		
3	渔人和衙役	寻向所志	刻意	失败
4	刘子骥	欣然规往		

① 袁行霈．陶渊明研究 [M]．北京：北京大学出版社，1997：12.

同时，“顺化”过程所基于的空间形式亦是研究的重点。面对原初的文本，读者常常用上帝视角“俯瞰”桃花源，从而赋予其“封闭性”的特征。然而，从陶渊明的描绘来看，“封闭”并非目的，它只是作为一种“器”用以实现内外的转化——通过这种“封闭”的操作，使得内外的边界得以扩大成为一个转化的空间，而这个拉长的空间由此便具有了仪式化的可能性——这条路径经由溪岸桃花林的渲染，以及类似子宫的山洞形式的象征，从而被浪漫化了，亦被进一步强化了。由此，“顺化”具有了转化的痕迹和仪式化的特征。

对于这种转化空间的描述，向来是后来画家对桃花源展开图像演绎的重点所在。现存有关桃花源的画作 70 余幅[2]，通过对其中可知或可见的 45 幅画作的统计分析（详见附录三），可以发现接近 2/3 的画作对内外空间的转化展开了描绘（图 3-1）。甚至桃源图中出现了一些十分特别的例子，它们完全略去了对桃花源内部理想生活的描绘，而只保留了由现实世界去往理想世界的转化空间（图 3-2）。

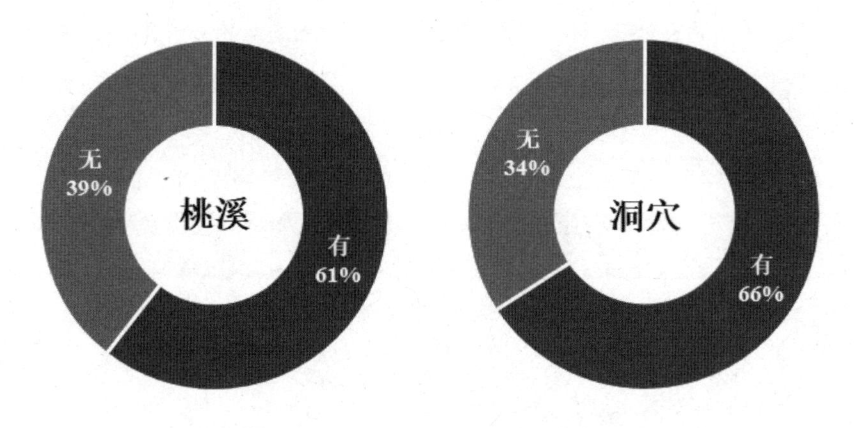

3-1　桃源绘画中描绘转化空间与否的比例（作者自绘）

① 王浩冉．古代桃花源题材绘画的多元表现与内涵研究 [D]. 无锡：江南大学，2019：附表一．

3-2　仅描绘转化空间的桃源绘画（清·王翚《桃花渔艇图》，台北故宫博物院藏）

转化的空间之所以如此重要，是因为它强化了中国文化里“中”的观念①。在中国古人认知世界的基本图式中，即有“阴阳”的概念，两者相反相成不存在永远的对立，对立双方总是处在不断的转化之中，这种转化是自然而然的；这在老子由对宇宙运行规律的观察与总结而升华出的宇宙论思想中可见一斑，那就是“大曰逝，逝曰远，远曰返”②。也就是说，陶渊明塑造的“非自然”与“自然”空间的转化关系与中国文化中对自然万物转化规律的认知是相一致的。

① “中”的观念与思想的产生和发展与史前思维中普遍的二分观念密切相关，中国的二分观念又体现为“阴阳”观念；“中”观念主要沿对称观念发展，而“阴阳”观念主要沿对立观念发展，但“中”观念逐渐发展出的平衡观念又与“阴阳”相关。所以“中”和“阴阳”有着难以分割的关系。参见吾淳．中国哲学起源的知识线索——从远古到老子：自然观念及自然哲学的发展与成型[M]．上海：上海人民出版社，2014：29-33，187-192.

② 语出老子《道德经》第25章。从老子作为周代守藏史或征（典）藏史的身份可推知其熟知阴阳消息以及天象、历数的变化与规律，老子将原来“天道”的比较具体的“天文”含义进一步抽象为“道”的绝对一般的含义。参见吾淳．中国哲学起源的知识线索——从远古到老子：自然观念及自然哲学的发展与成型[M]．上海：上海人民出版社，2014：380-386.

而也正是因为对对立双方转化关系的重视，使得两者之间不能仅仅是一个简单的界面，而必须容纳一个过程性事件的发生，而如何使得这一事件的发生变得自然而然、悄无痕迹，则决定了这一转化是否具有内生性，而非仅仅是刻意的植入。

3.3.3 空间结构："无"之叙事

美好的桃花源在陶渊明的笔下却是"短暂"的。桃花源之所以始终触动着人们关于理想生活想象的神经，就是因为它"旋复还幽蔽"，它是"瞬时"的。渔人、太守之人、南洋刘子骥，"桃花源"匆匆现身之后，又回避了所有人的视线，"后遂无问津者"。

那么，为何陶渊明要让自己设想的承载理想生活的桃花源消失？难道仅仅是因为借鉴了民间传说的结构之后（参见章节 1.2.2），为了保留叙事结构而使其更具戏剧性吗？或许陶的意图不止于此。

陶渊明本人深受魏晋玄学的影响，这一方面与当时的社会思潮有关，另一方面也深受其母方家世的影响[①]。因此，实体的消失或许与当时魏晋玄学热衷于探讨的"有无"问题相关。

1. 桃花源的"有无"

杨秋荣在《桃花源记：魏晋时期最伟大的玄怪小说》一文中，探讨了《桃花源记》与魏晋玄学之间的关系，认为《记》是一篇小说而非散文，并且是"玄怪小说"而非"志怪小说"，因为其中充满了浓浓的机缘和玄怪意味。杨最具启发性的一个观点是：《桃花源记》的构思异常奇妙，其发现和隐迹的过程，总体说来暗合了"无中生有"和"复归于无"的玄学奥旨[②]。

不过，这一观点遭到了龚斌的反驳，他认为上述看法牵强附会，难以成立，因为在《搜神后记》中也能找到一些类似的故事情节，都是"无而有，有而无，这与所谓'无中生有'和'复归于无'的玄学完全无关。前者是文学作品中情

① 任重，陈仪．陶渊明转向道家的思想轨迹 [J]. 重庆社会科学，2006(3)：64-69.

② 杨秋荣．《桃花源记》：魏晋时期最伟大的玄怪小说 [J]. 北京教育学院学报，2011，25(2)：51-62.

节的变幻，后者讲的‘有’‘无’，属于哲学范畴。”[①]

然而，龚斌的反驳事实上只聚焦在了桃花源文本本身，而没有注意到桃花源作为一个历史性话语，在其整个生发、流变过程中所展现出来的特质。对此，南北朝文学家庾信（513—581）在《徐报使来止得一相见诗》中，已经将桃花源最为本质的叙事结构特征提炼出来，那就是“终不见”，甚至连相见后的终不见也无异于桃花源：“一面还千里，相思那得论。更寻终不见，无异桃花源。”[②]

无可寻觅的境界、无法达成的愿望、不能实现的追求，抽象化之后同时也普遍化，反而在日常生活中得到了更为广泛的应用[③]。这都是因为，桃花源本身具有了某种哲学性的本质，使得它在不断地重构中依旧保持着某种内在特征，而这一本质就是“无中生有”和“复归于无”，即“有”“无”的哲学范畴。

2. 魏晋玄学中的“有无”

关于“有”与“无”的辩证关系，是魏晋玄学家所关注的核心论题。老子有“天下万物生于有，有生于无”（《道德经》第四十章）的表述，在评述魏晋玄学家王弼（227—249）的玄学思想时，汤一介指出：

> 也只有“无”（不是什么）才可以成就“有”（是任何“有”），王弼说：“天下之物，皆以有为生。有之所始，以无为本。将欲全有，必返于无。”（《老子》第四十章注）[④]

当代著名哲学史家陈来（1952—）认为，魏晋玄学中的“有”不同于黑格尔（G. W. F. Hegel，1770—1831）的“纯有”（being），而大体相当于他的“实存”（existence），是更为丰富、具体的实际存在[⑤]。那么，拥有具体的理想生

① 龚斌.《桃花源记》新论 [J]. 江西师范大学学报（哲学社会科学版），2013，46(3)：43-51.

② 逯钦立，辑校. 先秦汉魏晋南北朝诗 [M]. 北京：中华书局，1983：2402.

③ 吕菊. 陶渊明文化形象研究 [D]. 上海：复旦大学，2007：166.

④ 汤一介. 郭象与魏晋玄学 [M]. 武汉：湖北人民出版社，1983：46.

⑤ 有关魏晋玄学中的“有无”概念与巴门尼德、黑格尔的相关概念之间关系的探讨，参见：陈来. 魏晋玄学的“有”“无”范畴新探 [J]. 哲学研究，1986(9)：51-57.

活模式的桃花源就是这样一种“有”；而正是因为它的消失，使得它从“有”变成了“无”（non-existence）。

那么，这种“无”是否像龚斌所说的，仅仅只是“没有了”的意思？如果从文本看，这个问题已经无法得到解答，因为陶本人并没有更多关于桃花源的记述留存下来，因而我们现下对其任何的揣测都是缺乏论据的。不过，当我们从新历史主义[①]的视角，去考察这一论述背后的结构，去还原这一论述得以被建构的历史境况，我们就能更深刻地发掘其背后的内涵。

正如前述所言，桃花源诞生于纷乱的时代，并与陶渊明的人生境遇相关（参见章节 1.1 ）。所以桃花源的消失一方面表达的是对时代的控诉，因为桃花源这种理想生活空间的消失反映的正是人们求而不得的无奈；另一方面，桃花源的消失也使得它摆脱了具体性，使之成为一个抽象的“纯无”（non-being，即玄学中的“无”），而这个“纯无”于是得以结合具体的语境再生成为更多新的实在的桃花源。关于这一点，我们可以在当时玄学的历史背景中找到呼应，也能在后来诸多的桃源演绎中得到证实——因此，可以说桃花源的消失既是一种对求而不得的妥协，也是一种通过消失的叙事来实现永恒的策略。

3. 从“无”到叙事结构

然而，这种“无”并未成为后世桃源表现的重点。通过整理分析后世与桃源相关的画作，我们发现他们很少表现“返而不复”“复归于无”的主题（图 3-3），仅有的两个例子：一是韩愈在其诗作《桃源图》中描绘的他所见到的画作中，有“船开棹进一回顾，万里苍苍烟水暮”的描绘，二是南宋赵伯驹所绘的《桃源图》及其后世仿作（图 3-4），不过这些画几乎完全按照《桃花源记》文本内容所绘，未作个人的理解诠释。

① 新历史主义指出历史充满断层，历史由论述构成。以福柯的概念，我们应透过各种论述去还原历史，而该种论述，是根据当时的时间、地点、观念建构的；语言本身就是一种结构，我们都透过这种结构再理解整个世界。

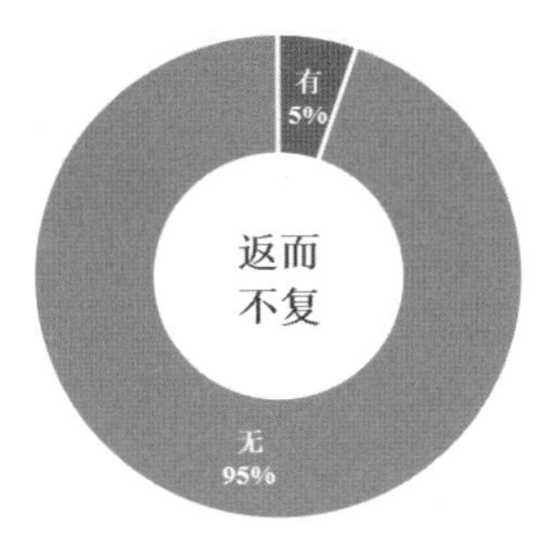

图 3-3 桃源绘画中描绘“返而不复”与否的比例（作者自绘）

图 3-4 桃源绘画中少有的描绘“返而不复”的场景
（清·王炳《仿赵伯驹桃源图》局部，台北故宫博物院藏）

这种对于“无”表现的“放弃”或许有以下三个方面的原因：

（1）后世画家急欲将理想生活现实化，以苏轼的《和桃源诗序》为代表，出现了一批将桃花源“人世化”的新诠释[①]，正是在这一过程中，人们逐渐忽略了那种超越了规定性的“无”所具有的魅力。

（2）“无”作为一种玄学或道家常用的哲学话语，其重要性往往会随着政治话语方向的转变而发生变化。魏晋南北朝时期道家思想和佛教盛行，影响直至唐代，出现三教合一；中唐古文运动试图重建儒家价值，在之后的历史阶段，儒家思想虽然受到诸多挑战，但始终位于正统政治的核心。而正是在儒家思想占据上风的政治环境中，“无”逐渐失去了其解释宇宙的话语权。

（3）更为重要的是，“无”作为桃花源的一种本质特征，在后世的表现中如果仅仅是重复“无中生有”“复归于无”的叙事结构，那么后世的桃花源便会陷入一种枯燥的重复。于是人们将重点聚焦于“无中生有”和“复归于无”的过程，于是便发展出了“寻觅”的命题，而“寻觅”构成了一种新的叙事结构，台湾著名导演赖声川的话剧《暗恋桃花源》便是一个典型的例子[②]。

因此，“有无”所具有的哲学认知在桃花源的建构中逐渐转变为一种“在有无间寻觅”的叙事结构，这是对桃花源哲学认识的具体化。也由此，桃花源的“有无”反映出它所具有的两重性：一重是永恒的关于理想生活的信念，一重是瞬时的关于当下生活的反思。前者是历史性的，它帮助我们始终怀抱美好的想象；而后者是现实性的，它在帮助我们更好地理解自己、理解时代的同时，保有一种批判精神。

---

① 石守谦．移动的桃花源：东亚世界中的山水画 [M]. 北京：生活 · 读书 · 新知三联书店，2021：37-43.

② 话剧讲述的是一个奇特的故事：《暗恋》和《桃花源》两个不相干的剧组，都与剧场签订了当晚彩排的合约。演出在即，双方不得不同时在剧场中彩排，遂成就了一出古今相对、悲喜交错的舞台奇观。《暗恋》是一出现代悲剧，青年男女江滨柳和云之凡在上海因战乱相遇，也因战乱离散；其后两人不约而同逃到台湾，却彼此不知情，苦恋 40 年后才得以相见，时已男婚女嫁多年，江滨柳已濒临病终。《桃花源》则是一出古装喜剧，武陵人渔夫老陶之妻春花与房东袁老板私通，老陶离家出走桃花源；等他回武陵后，春花已与袁老板成家生子。两个故事都有着永恒的追寻与失意。前者是爱情的追寻与失意，后者则是人生选择的追寻与失意。话剧的最后是剧场突然停电，一个寻找男友的疯女人呼喊着男友的名字“刘子骥”在剧场中跑过，桃花源的寻找者也在被寻找。这是桃源的寻觅命题的现代演绎。

3.3.4 一种关乎“自然”的空间范式

通过前文的分析，桃花源作为一种关乎“自然”的空间范式，已基本被揭示出来。这种空间范式基于中国文化中对于“自然”的认识，即一种自然而然、顺其自然的万物生化模式；而这种理想空间生成的方法，则包括以“自由”理想作为生成原则，强调“中”之顺化的空间形式，并且以“有无”寻觅的过程性叙事结构来传达“无”的永恒属性——它们共同关涉中国文化中的“自然之道”，并统合为一个象征空间。

这种空间范式所具有的作用在于，每当对现实生活有所不满，这种不满都会催生出我们对于某种“自由”的想象，而桃花源的象征空间，在容纳我们这些想象的同时，也将我们与历史中的话语联结，从而赋予我们更深层次的力量。而从现实生活进入这个理想生活过程的“顺化”以及充满生命力的叙事结构对于场所的活化，都能强化我们对于桃花源的空间体验。

于是，当我们回顾人们一直以来对于桃花源“真实”原型位置所展开的喋喋不休的争论，就会发现这些问题并无意义，因为它们是无法证实也无法证伪的问题。与此相反的是，桃花源作为一个关乎“自然”的理想空间范式，为我们提供了一个展开空间想象和空间操作的思维框架，这个框架既能帮助我们评价现当代关乎桃花源的文化实践，又能用以容纳未来更多文学的、图像的、建成环境的操作，从而进一步丰满桃花源的内涵——这才是研究桃花源更有意义的部分。

中篇

桃花源作为建筑设计策略

除了对桃花源展开形而上的理论探讨，对于建筑学科来说，其是否能够导向更多具体的、形而下的设计策略，也是研究的重点。通过桃花源相关的建筑、艺术与住区的实践与反思，以及国内外类似理想人居环境的设计分析，我们可以总结出展开“桃花源式”理想住区设计的有效策略。

第4章 桃花源作为建筑与艺术设计策略

在本章，我们将通过一些中国或华裔设计师基于桃花源概念展开的建筑和艺术实践，来探讨他们如何将桃花源转化为一种具体的设计策略，并评价他们究竟在何种层面上，以及是否恰当地再现了桃花源。

4.1 贝聿铭“美秀美术馆”

1997 年 11 月，位于日本滋贺县甲贺市的美秀美术馆（Miho Museum）竣工，这是由业主小山美秀子创办、美籍华人建筑师贝聿铭（1917—2019）为主设计的一处私立美术馆，设计颇具匠心（图 4-1）。

关于美秀美术馆设计概念的形成，贝聿铭有这样一段表述：

在中国古典文学方面，小山女士受过良好的教育。她学习了所有的中国经典著作，我们可以用中文进行书面交流。所以我在描述对于这个选址的构想的时候，可以引用一部4世纪的作品，叫作《桃花源记》。她没有忘记那篇文章。于是她立即接受了我的建议。尽管这个场地的规模和在中国的那个世外桃源不一样，但是它让我想起了典型的中国风景，有高山，有溪谷，而且云雾缭绕。你看不到整栋楼。它的主要部分集中在西面，而入口在东面。她和我对这个构想都感到非常兴奋，这就是一切的开始。[①]

图4-1 美秀美术馆路径场景分析图（作者自绘，材料来源于贝氏建筑事务所）

①〔美〕菲利普·朱迪狄欧，〔美〕珍妮特·亚当斯·斯特朗. 贝聿铭全集[M]. 黄萌，译. 北京：北京联合出版公司，2021：273.

可见，原有场地中的高山、溪谷、云雾勾起了贝聿铭有关桃花源的历史文化想象，而这种想象也因桃源文化的广泛性和业主本人的文学素养而得以形成跨文化的共鸣。

贝氏的设计主要借鉴了桃花源中转化空间的片段。结合具体的场地条件，桃花源中由现实世界通向理想世界的转换路径——桃溪与山洞，被演绎为一条樱花大道、弯曲的隧道与后张式悬索桥的组合（图 4-1）。

樱花的设置在保证景观色彩与桃花相似的前提下，兼顾了日本文化的喜好；弯曲的隧道则是对“初极狭，才通人。复行数十步，豁然开朗”的形式转化——由于这一隧道作为美术馆的主入口，需要兼顾通行需求，而宽窄大小变化的隧道会影响流线的顺畅，贝氏将其调整为弯曲的形式，同样能够形成行人视觉焦点的变化；而后张式悬索桥是基于场地条件而增设的，通过不对称结构，它形成了从山体引向远处建筑的趋势，在更好地融入环境的同时也是对人行进方向的指引。这些富有仪式感的空间转化，在反映桃源形式的同时，也与日本“在时间中体验空间”的参拜方式结合起来①。于是，桃花源的意象为日本的此处山林赋予了一种全新的场所精神，这不是异域风情的营造，而是内化于参观者深层记忆中的一种生活方式的重新展现。

不过，可以在这个方案中清晰地察觉到，贝聿铭对于桃花源意象的运用主要选择了其转化空间的片段，虽然其自然而然的处理方式的确与桃花源的内在本质相契合，但是这一操作是不连续的——美术馆的主体建筑与这一转化空间的处理并不存在形式语言的连贯性。这也就使得，尽管美术馆的接待处、转化空间、美术馆主体都各自有值得称道之处，但是却难以构成一个整体的“桃花源”。

①〔美〕菲利普 · 朱迪狄欧，〔美〕珍妮特 · 亚当斯 · 斯特朗．贝聿铭全集[M]. 黄萌，译．北京：北京联合出版公司，2021：273.

4.2　李兴钢“瞬时桃花源”

2015 年 7 月，建筑师李兴钢在南京花露岗地段的一片临时性的城市荒野中，再现了一个临时性建筑——“瞬时桃花源”。四组小建筑——“台阁”“树亭”“墙廊”和“山塔”由脚手架和遮阳网布搭建而成，与场地交织围合，营造出一种场地内在的“空间诗意”（图 4-2）。

图 4-2　瞬时桃花源（笔者整理，材料来源：李兴钢工作室）

关于这一组临时建筑为何被称作“桃花源”，一方面的原因是“经由喧闹的市井和荒废的民宅，曲折尽致中，一个转身——人们来到一片‘桃花源’”[①]。

另一方面，“瞬时桃花源”饱含着对时间的思考。首先是历史的时间：花露岗地段拥有着丰厚的历史积淀，设计采用的传统坡顶与传统园林的类型元素，重申了“类型的持久性与普遍性”[②]。同时，对于“桃花源”空间体验的文学化再现，也是对中国历史人文的再思考，当然，这种再思考亦是属于当下的。作为城市发展建设中土地的临时状态，这种瞬时性的介入展现的是对当下城市发展状况，以及身居其中的我们对自身境况的反思——瞬时性是这种思考的形式。正因如此，只有在建筑消逝之后，只有在场地恢复原状之后，这个作品才算真正完成。于是，“瞬时桃花源”进入了一种“未来”的状态，它的消逝本身成了未来的过去，并将在场地新的开发中成为新的文化内涵，即使仅仅作为图片或文字，它已然再书写了场地。

因此，瞬时性装置以其代表的传统、诗意等内容，与城市文明展开了对话，并将这种对话以座谈会、文章、图片、视频等形式留存下来，最终通过自身的消失来回应桃花源的消失，并赋予自身叙事的永恒。可见李兴钢对于桃花源的内涵本身有着很深的思考，虽然他并未对桃花源展开体系化的本质建构，但是已经能够感受到他文人化的探索。

不过，正如张斌所评价的，“瞬时桃花源”只是“一个基于现实研究的空间装置，而非真正面对现实矛盾的建筑介入，那些经过抽象与变形的形式类型在这种相对真空的状态下仍然显得太过于美好。”[③] 桃花源尽管常常作为一种非常个人化的应对时代问题的话语而存在，但是建筑师要面对的问题和艺术家不同，显然他们还更多承担了社会层面的责任，因此对于桃花源的思考，如果能够对于具体的城市建筑问题、而非宏观的都市现状有意义，那显然是更值得称道的尝试。

---

① 李兴钢，张玉婷，姜汶林．瞬时桃花源 [J]．建筑学报，2015(11)：30-39.

② 青锋．从胜景到静谧——对《静谧与喧嚣》以及“瞬时桃花源”的讨论 [J]．建筑学报，2015(11)：24-29.

③ 董豫赣，赵辰，金秋野，等．专家笔谈：阅读“瞬时桃花源”[J]．建筑学报，2015(11)：48.

4.3 徐冰“桃花源的理想一定要实现”

2016 年 5 月，艺术家徐冰的大型户外装置展“桃花源的理想一定要实现”在北京奥林匹克水上公园开幕。该装置曾于 2013 年 11 月在英国伦敦维多利亚与艾伯特美术馆（Victoria and Albert Museum）中庭花园展出，后于 2014 年 9 月在英国查茨沃斯庄园（Chatsworth House）的海马喷泉处再次亮相。

三次展览的设计理念基本相同（图 4-3），不过随着两道弧线围绕的中心介质的不同，不同文化背景的差异也显现出来。国外展以喷泉水池为中心，北京展则以抽象的耕地为中心，代表了庄园式和田园式两种不同的景观审美倾向。然而，它们同样塑造了空间的隔离——外围可感的、既具象又抽象、环绕着的

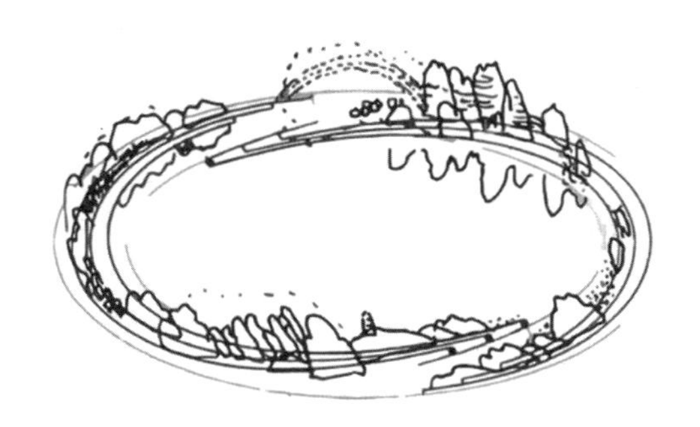

图 4-3 “桃花源的理想一定要实现”的设计理念与演变（笔者整理，资料来源：徐冰工作室）

连续不断的山水画卷，塑造了抽象的可感现实[①]，而被包裹起来，“可远观而不可亵玩焉”的中部山水，似乎才是真正的“桃花源”。

外部山水如同“大型盆景”或“园林模型”一般[②]，不论其材质如何，它的目的在于品味，在于仔细欣赏，甚至在于孩童的玩乐；虽然那些扁平状的山石似乎在描绘一幅二维的山水画，实体的空间似乎又在强调三维的现实，由此呈现出了“二维半”的效果[③]。而中部山水始终处在一个距离之外，外围山水的丰富性又始终营造出分神的氛围。由此，空间隔离被进一步强化了。

然而，最重要之处在于“近”和“远”之间的不断游离。除了那种感知上的“近”和“远”，还有一种生活上的“近”和“远”，而最重要的是一种理想上的“近”和“远”，一种山水人居的现实化，还有一种关于海上仙山的想象。就此而言，北京展的中部耕地更多的似乎是一种对现实条件的妥协，因为它削弱了这种两重性。所以，这个“桃花源”空间是一种互动行为的建构，它是当代人思想困境的表现，并以具象的形式空间表达出来。

不可否认的是，徐冰的“桃花源的理想一定要实现”在形式和叙事、活动上，从多方位的角度强化了内外关系、装置与人之间的关系，从而与桃花源注重的关系问题形成呼应；这展现出艺术家在操作层面的高超实力。然而，不论是外国展还是中国展，他所设定的具有一定距离的理想生活始终是历史上的桃花源，而非属于现在的、更不是属于未来的桃花源——这种桃花源的实现需要更多的社会学思考。

---

① “桃花源的理想一定要实现”装置作品，外围石材尺寸最高约两米，塑造成山，山上有瀑布，山间有动植物、房屋模型，陶房的窗户上安装 LCD 小屏幕，循环播放现代人生活情景的动画短片，再结合雾气、灯光和似有若无的虫鸣鸟叫等声音，俨然一个微缩的大同世界，游览这件作品造成观众对空间及时间感知的错位。

② 王寅．徐冰的英伦桃花源记 [J/OL]．南方周末，2013.12.05[2021-11-30]．http：//www.infzm.com/contents/96463.

③ 静恩德凯．徐冰：桃花源的理想一定要实现 [J]．美术研究，2013(4)：10-11，130.

4.4 “被遮蔽的桃花源”展览

2018 年 12 月，“被遮蔽的桃花源：中国当代艺术的深耕样本”展览于蜂巢（北京）当代艺术中心开幕，该展览曾以“东方桃花源：对传统美学继承、回应以及发扬的中国当代艺术”为主题在德国莱比锡棉纺厂艺术区（Spinnerei）举办。作为中德艺术交流项目，它体现了全球化语境中，中国当代艺术对自身独特经验和传统美学的思考。

展览中，梁绍基[①]的“雪藏”一号装置备受瞩目。在他的《雪藏》系列中，干枯的藤蔓以及废弃的电话机、键盘、一次性水杯等现代工业产物被蚕丝缠绕，如白雪覆盖，塑造出苍凉、荒芜的意境，又如灾变后的都市地景（图 4-4）。

图 4-4 “梁绍基：蚕我 我蚕”展览（笔者整理，材料来源：上海当代艺术博物馆）

① 梁绍基作为一名老艺术家，关注人与蚕之间的深层联系，以丝蚕孵化、生长、吐丝、结茧、羽化再到产卵的循环不息的生命过程作为创作媒介，探索艺术与自然之间密不可分的关系，作品有《床》《听蚕》《沉云》《残山水》《沉链：生命中不能承受之轻》等。梁绍基深信，自然造化与人类想象力可以交融相通，他将和谐视为进入永恒领域的关键。

这个作品暗示了“技术文明和高度发达的消费文化对环境产生的毁灭性影响，激发起观众对人与环境、技术与自然的关系做出反思”①。

梁绍基的创作深受老庄哲学的启迪，特别是其中“道法自然”和“物无贵贱”的思想。在此思想之下，他进入一种“齐物”观的境界，将自身投入蚕的世界中，从而打破了人类与非人类之间的隔阂，此为“无间”之一。

蚕丝象征着生命，散落的现代工业产物塑造了一片当代文明的废墟，蚕丝覆于其上，既如雪般朦胧，又似新建的一座柔软的城市——“一切坚固的东西都烟消云散了”，蚕丝在我们与现代性表征之间隔上了一层“纱”，从而再现了对现代性的思考，既是覆灭又是新生，此为“无间”之二。

梁绍基的设计中，人工与自然是不分的——蚕是自然的蚕，但是经过选种、杂交以让其适应金属、塑料等材质；蚕吐丝是自然的过程，不过也需要设计者因势利导适当调整，以实现作品的表现，这其中又反映了自然过程的丰富性、复杂性和偶然性；这个过程“既是自然生物范畴，又属于技术范畴，同时也连接历史和文化范畴”②，此为“无间”之三。

梁绍基对于“桃花源”的思考，事实上是对现代性困境的思考，表达了一种敬畏与悲悯的人文情怀③，而“时间与生命”作为设计核心，“自然”作为他的解决途径，“蚕道”作为他的表现方法，系统地呈现了一个理想化的空间——“自然空间”。这种空间是理念化的空间，在此空间中，人得以思考自身与当代文明、与自然之间的关系，这个空间本身已经与人结合在一起了，是作为表现的空间。

梁绍基的设计解释了桃花源背后被遮蔽的“自然”观念，并用特殊的材料、现代的事物来重构“自然空间”，充满了哲学性的思考。

---

① 杨静．蚕道 梁绍基《自然》系列的生态内涵 [J]. 新美术，2018，39(6)：119-127.

② 同上。

③ 杨艳，巫大军．基于传统农耕文化的当代设计美学思考——以梁绍基作品为例 [J]. 装饰，2015(9)：140-141.

第5章 桃花源作为聚落设计策略

相较于在公共建筑和装置艺术中相对自由和随性的探索，聚落和住区设计则面临着更为复杂的问题。那么，在聚落或住区空间的设计中如何再现桃花源，这就必须拓展到与制度、政策等现实问题相关的更多层面中去。

5.1 制度：桃源文学的聚落想象

从陶渊明的桃花源开始，后世对于桃源聚落如何得以成立也展开了诸多文学想象，其中尤以当代小说家格非笔下《人面桃花》中清末民初的“花家舍”最具特色。通过分析陶渊明笔下的“桃花源”与“花家舍”，探讨这些桃源聚落得以实现的社会治理结构或未能实现的相关教训，将帮助我们在当下更好地寻求桃源聚落管理的制度答案。

5.1.1 原初桃花源的扁平结构

陶渊明笔下的桃花源地处一个相对偏远的区域，河流两岸种满桃花，一种浪漫的气息烘托出乌托邦的氛围。

关于桃花源生活形态的描述中，有一个细节非常值得注意：“便要还家，设酒杀鸡作食……余人各复延至其家，皆出酒食……此中人语云：‘不足为外人道也。’”从描述中可以看到，“渔人”这个异质的出现虽然引起了桃花源的轩然大波，但是自始至终没有一个具有统领性的人物出现，来回应这样一个特殊事件。

村中人“自云先世避秦时乱，率妻子邑人来此绝境，不复出焉”，这引导我们去思考“秦时”之乱究竟是在何种社会组织结构中发展起来的。

在秦朝时期的村落组织结构中，存在着两股比较大的势力。一是存在于体制内的管理机构，例如“乡有秩”负责全乡事务，“乡啬夫”负责收赋税、诉讼等事务，“乡游徼”负责治安，下有一定数量的乡佐从事各种具体事务；另外还存在地方自治组织，通常是基于地缘和血缘自发形成的“里社”。社内成员可以共同祭祀、生产互助、生活救济及安全自保，“乡三老”、里正等多为里社成员代言人，这些人通常承担了教化的责任[①]。

由于秦朝时期采用了严厉的乡村治理模式，村人祖先率领妻子儿女和同乡人来到此地之后，必然摆脱了原有制度框架的束缚，而《桃花源记》的描述正表现出了这个社会呈现出的一种扁平化的、近似“无政府主义”的状态。在这个社会里，所有人参与到治理中，这种治理基于人们的广泛共识，即通过一种整体建构的关系，对个人行为形成约束。但是，这种关系的确立需要一个相对封闭的环境，并且对整体结构的大小有一定的限制，即呈现为“小国寡民”的社会结构。

在秦时赋税严苛的社会条件下，人们对于理想生活的追求是具有一种“小资”属性的。这种理想的生活状态，局限于自身的安居乐业，是对个体生存的一个小环境的美好畅想；而那种社会治理模式，与这种生活的情趣是相称的。

① 代瑾．中国传统乡村治理制度变迁及其内在逻辑[J]．甘肃行政学院学报，2019(4)：77-84，127.

5.1.2 格非"花家舍"的上层建筑

格非的"江南三部曲"中，"花家舍"作为一个重要线索，构成了这个系列作品的核心空间形象。这个具体空间在清末民初革命活动逐渐萌发之时完成并被解构，成为了一个衔接了朴素的大同主义思想与后期人民公社运动的共同性征。要梳理其背后的理想生活状态，就必须对花家舍的村落空间结构展开研究。

《人面桃花》[①]的女主人公陆秀米在出嫁途中遭遇土匪绑架，被劫至偏野小村花家舍的一处湖心小岛上。在这里，主人公远远望见了花家舍的整体空间格局（图 5-1）：

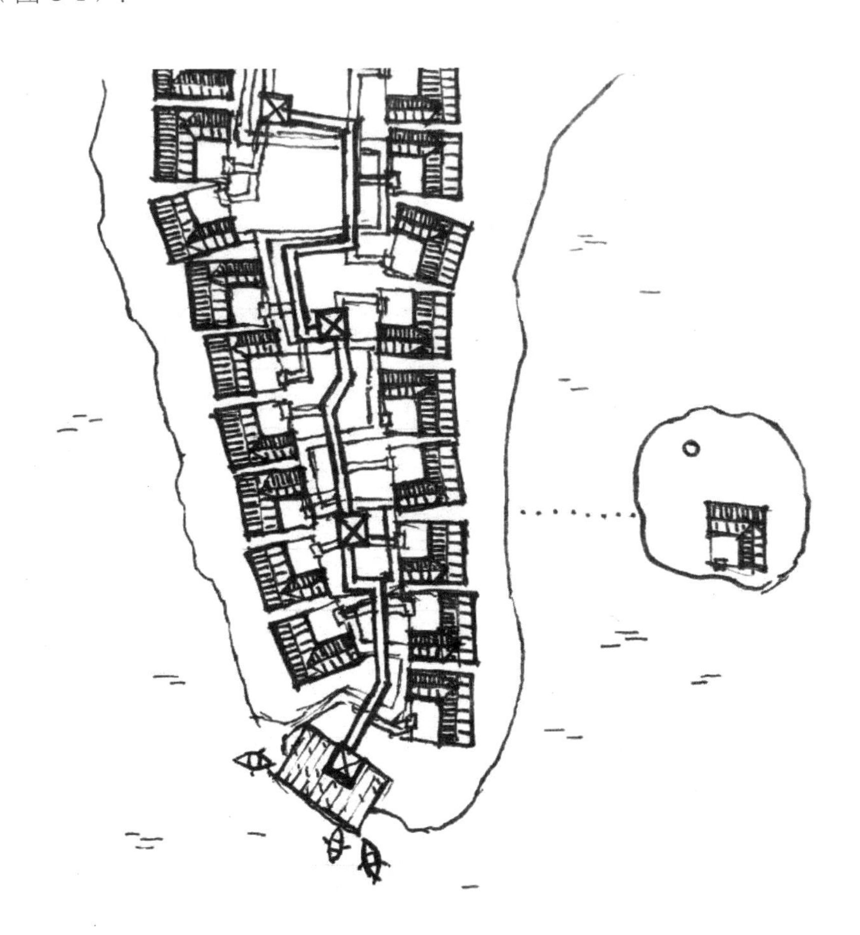

图 5-1 花家舍布局示意图（作者自绘）

① 本节中标注《人面桃花》页面的版本采用：格非．人面桃花 [M]. 长沙：湖南文艺出版社，2014.

这个村庄修建在平缓的山坡上，村子里每家每户都是一样的，一律的粉墙黛瓦、木门花窗。家家户户门前都有一个篱笆围成的庭院，庭院大小和格式都是一样的。一条狭窄的，用碎砖砌成的街道沿着山坡往上，一直延伸到山腰上。（第 96 页）

另外，村子里最富特色的就是一座联系每家每户院落的风雨连廊，长廊简陋而寒碜，长得没有尽头（第 131 页）；每隔几十丈远就会有一座凉亭，凉亭则相对考究；另外，沿着长廊有一条石砌水道，流经家家户户的厨房：

这座长廊四通八达，像疏松的蛛网一样与家家户户的院落相接……家家户户的房舍都是一样的，一个小巧玲珑的院子，院中一口水井，两畦菜地。窗户一律开向湖边，就连窗花的款式都一模一样。（第 132 页）

透过这些文字描述，我们可以看到其中凸显的“平均主义”思想。亨利·列斐伏尔（Henri Lefevre，1901—1991）十分机警地指出，“有一种空间的意识形态存在着。为什么？因为空间，看起来好似均质的，看起来其纯粹形式好似完全客观的，然而，一旦我们探知它，它其实是一个社会产物……让我再重复一次：有一种空间政治学存在，因为空间是政治的。”[①]

这样一种空间结构的背后，体现的正是聚落治理的意图。王观澄（花家舍创立者）辞官隐居，想在人间建立天上的仙境，想要“花家舍人人衣食丰足，谦让有礼，夜不闭户，路不拾遗，成为天台桃源”，他自奉极俭，却要赢得他人尊崇，要花家舍美名传播天下，流芳千古（第 140 页）。在这样一种意图中，人的动作 / 行为被绝对规格化了[②]，人成了抽象的人，而非具有不同意识形态的人。王观澄的个人意志成了最根本的控制力，社会治理的话语权仅掌握在了

① 亨利·列斐伏尔．空间政治学的反思 [M]// 包亚明主编．现代性与空间生产．上海：上海教育出版社，2003：62-67.

② 敬文东．格非小词典或桃源变形记——“江南三部曲”阅读札记 [J]. 当代作家评论，2012(5)：67-88+209.

少数人手中。然而，这样一种结构的维系需要强大的经济基础。花家舍田地资源不足，又与外乡隔绝，整个村庄建设的资金只能通过抢劫富贾获得，这将生产关系置于极不稳定的状态的同时，也对军事力量产生了需求，于是，“王观澄就想到了他做官时的那些掾属”（第 141 页）。

然而，军事力量确立的同时也使得王观澄个人意志的控制能力遭受了挑战，这也意味着这个系统本身必然走向失衡。那些掾属在“花家舍当起了山大王”，随着王观澄操劳过度，奄奄一息，“也只得由着手下去胡闹了”（第 142 页）。最终，在其他力量唆使的权力斗争中，花家舍的上层建筑崩塌了，而这个“桃花源”也不可避免地走向了覆灭。

平均主义的实现需要强大的上层建筑，然而即便是强大的上层建筑，也难以把握大范围的平均主义实现所需的社会治理结构，毕竟，平均主义或者说大同主义的实现必须基于足够的生产力水平。

因此，格非笔下虚构的这个由王观澄“真实”建立起来的“花家舍”，其实是一种个人意志的理想生活的呈现，尽管当权者极力将自己的居住空间隐匿在均质化空间所掩盖的权力结构之中，他在生产关系上的领导权却是无可置疑的，所有人被规训在他所建立的生产关系之内无法自拔，最终必然囿于其结构性力量的缺位而难以为继。

5.1.3 制度策略：“人”的基层自治

在原初的桃花源中，整个聚落的结构是十分扁平的，所谓“治理”的问题事实上消失了，所有人同时承担着治理者和被治理者的角色，而引导这样一个过程得以展开的力量，就是自然本身。尽管它的最终结局只能在“后遂无问津者”中成为一桩悬案，但是其至少 600 多年的存续，却能够表达出陶渊明对于这样一种生活方式的认可及其持久性的坚信。

而在格非的作品中，他设想的桃花源是一个被精心建构起来的理想化世界。或者，与其说它是桃花源，不如称之为乌托邦，因为王观澄在清末民初意图建构的理想生活形象，已经不可避免地受到了西方乌托邦空间理论的影响，而呈现出强烈的形式化特征。格非对这样一个理想世界的可持续性抱有强烈的怀疑态度，因此它最终在权力斗争中走向了覆灭。

通过两种不同视角的文学表现，我们可以看到文学家们对于桃花源制度结构的想象，充满了对于基层自身力量的崇拜以及对颠覆性领导力的蔑视。因为，单一或少数领导者的思想所具有的特殊性，无法反映特定群体的广泛需求，而只有当群体中的所有个体有机会参与到团体管理中时，这个群体才具有由内而生的蓬勃生命力。这种管理方式对应了当代中国的制度话语——基层自治。

本书无意于对这一制度的组织结构、技术难题等问题展开探讨，而是试图从“桃花源”的角度，对这一制度的实现方式提供另一种可能。

通常而言，基层自治往往是围绕特定的村镇或社区网格展开的，其区分依据的是特定的地理条件，而与“人”本身的特质关联不多。在“桃花源”中，虽然制度的作用范围的确具有地理性的限制，但是更重要的是人的共通性——正是因为身处其中的人对于理想的生活方式有着共同的期待，所以自治合作才得以顺利地展开。

由此可见，桃花源导向的制度策略是与基层自治密切相关的，而基层“范围”的确定，则必须回归到“人”本身——这其实是桃花源“自然”空间范式中的“自由”理想的现代阐发。

5.2 桃源聚落的空间设计：中国理想住宅想象？

5.2.1 “桃花源”住区的出现与发展

在当代的城市建设中，“桃花源”的概念屡被提及，尤其是在商业住宅领域。不过，这几乎成了开发商的“自娱自乐”——尽管在中国当代住宅建设中象征着文化层面的意识形态转变，它却始终游离在学术研究的范畴之外。

当然，被冠以“桃花源”的商业住宅项目颇多，其中冠以虚名者暂且不论，大抵只有绿城和融创所开发的中式别墅产品，因其文化的对应性而值得被深入讨论：它们缘何借用“桃花源”的概念？它们在何种层面借鉴了桃花源，同时又忽视或放弃了哪些层面的内涵？要回答这些问题，我们有必要回到其设计的原点。

“桃花源”与其说是随着人们居住需求的提升而出现的，不如说它是中国社会发展的必然产物。自 1998 年以后，住房市场化改革彻底打破了由单位统一分配住房的模式[①]，城镇居民获得了选择居住地的自由，但这也客观上引发了居住区分割和社会分化。

创建于 1995 年的绿城公司便在这历史的洪流中，于 2000 年在浙江杭州余杭区的南湖公园附近，取得了一片 2700 亩涵纳自然山水的土地用以建设别墅，名之曰“杭州桃花源”，分东、西、南三区开发。于是，在资本的“撮合”之下，人们想象中的理想生活空间被现实化为富人的居住地，守护“桃花源”的群山被转译为平民无法翻越的“围墙”，这是一堵边界之墙，更是阶层之间的隔离之墙。

一开始，中式的建筑形式并未成为“桃花源”的必需品，毕竟东西区优越的自然环境和分散的建筑布局自然造就了山水住宅的空间形象，而西方样式的

① 陈钊，陈杰，刘晓峰．安得广厦千万间：中国城镇住房体制市场化改革的回顾与展望[J]. 世界经济文汇，2008(1)：43-54.

住宅也迎合了当时的居民对于“现代化”的想象。但后来，随着商品房市场竞争的日益激烈，以及“类”传统住宅设计探讨的不断展开[①]，“桃花源”开始寻求新的设计语言——从2005年西区“十锦园”中西结合的尝试，再到2009年南区“西锦园”景观设计中对苏州古典园林的借鉴，似乎都未能给出完美的解答，反而让“杭州桃花源”沦为一片别墅的“试验场”[②]。作为中国语境下的“桃花源”真正走向成熟，要等到2013年“苏州桃花源”的问世。

“苏州桃花源”的出现引发了广泛的社会讨论，在学术领域且有聊胜于无的探讨[③]。作为以明清苏州园林建筑为范本的别墅住区，它的出现为浮躁的豪宅市场注入了一股文化的清流，重新定义了“奢华”的内涵[④]。不过，学术界单薄的探讨也显示了中式“桃花源”住区在设计创新性上的不足。然而，市场的良好表现为开发和设计单位提供了充足的后续动力[⑤]，在之后的短短八年间，竟有超过20个中式“桃花源”住区在全国相继落地（表5-1），这些住区主要集中在长三角地区，亦触及华南、华北、西南、西北，可谓遍地开花。

5.2.2 “桃花源”住区成立的原因

问题随之而来，为何“桃花源”能在四郊多垒的市场中取得一席之地？又为何它能在天壤悬隔的地域条件中如此“合理”地存在？

---

① 关瑞明．住宅的类设计模式——中国传统居住文化的延续与创新[J]．建筑学报，2000(11)：40-41.

② 绿城·杭州桃花源被称为绿城别墅产品的博览园，打造了美式别墅、坡地别墅、西班牙别墅、中式别墅、意式别墅、法式别墅等众多标杆产品。南区收官之作法式园景别墅、庄园级西式大宅又呈现为更纯粹的欧式皇家风格。详见绿城中国官网。

③ 现有的有关中式“桃花源”住区的学术探讨主要集中在住区景观对于传统园林的借鉴之上。如戴美玲、缪琳如的《新中式景观设计研究与实践——以绿城苏州桃花源别墅区景观设计为例》（2017）和黄登宇的《新中式景观在别墅住宅区设计中的应用——以苏州桃花源为例》（2018）等。

④ 2019年4月，由世界企业家集团、世界地产研究院与《总裁》杂志联合编制的2019年Top 10 luxury houses in the world榜单揭晓，融创苏州桃花源成为该榜单16年历史上唯一入选的中国内地人居作品。

⑤ 苏州桃花源由融创和绿城合作完成。绿城于2009年拿下该地块，原意做法式别墅，定名为“绿城玫瑰园”；后由融创接手，绿城设计，更名为“融创绿城桃花源”，开发中式别墅，市场反响极大。然而此后双方不再合作，同时皆声称拥有该“桃花源”系列住区的著作权，并在全国各地分别展开了“桃花源”的设计实践。

表 5-1　截至 2021 年的中式“桃花源”住区统计（作者自绘）

	名称	开盘年份	地点	建筑风格	容积率
1	融创·苏州桃花源	2013	江苏苏州	中式别墅	0.6
2	绿城·南京桃花源	2016	江苏南京	中式别墅	0.66
3	融创·上海桃花源	2017	上海	中式别墅	0.41
4	融创·玖溪桃花源	2017	江苏南京	中式别墅，原存部分法式	0.59
5	绿城·西山桃花源	2017	河北石家庄	中式、法式别墅，法式多层	1.06
6	绿城·义乌桃花源	2017	浙江金华	中式别墅，现代多高层	1.05
7	绿城·云栖桃花源	2018	浙江杭州	中式别墅，现代高层	1.0
8	绿城·安吉桃花源	2018	浙江湖州	中式、现代别墅	0.27
9	绿城·雪野湖桃花源	2018	山东济南	中式别墅	0.49
10	融创·南京桃花源	2019	江苏南京	中式别墅	0.3
11	融创·凤鸣桃源	2019	江苏徐州	部分中式、部分法式别墅	0.66
12	融创·江南桃源	2019	浙江湖州	中式别墅，新中式多高层	1.7
13	融创·江南桃源	2019	新疆乌鲁木齐	中式、法式别墅，法式多层	0.53
14	融创·春风桃源	2019	广东清远	中式别墅	0.38
15	绿城·临沂桃花源	2019	山东临沂	新中式别墅，新中式多高层	1.13
16	融创·海上桃源	2020	江苏南通	中式别墅，法式叠墅、洋房	1.04
17	重庆融创桃花源	2020	重庆	中式别墅	0.45
18	融创·西江桃源	2020	广东肇庆	中式别墅	0.54
19	绿城·云栖桃花源	2021	浙江宁波	中式别墅，现代多层	1.1
20	绿城·长兴桃花源	2021	浙江湖州	中式别墅	0.9

于前者，“桃花源”建立了自身语言的自主性。“桃花源”概念来自陶渊明笔下的《桃花源记》，作为一个与世俗隔绝的小型社会，高档住区本身自带的隔离性与其同出一辙，而“桃花源”似乎也为这种属性找到了一种合适的托辞，用以掩盖其背后的社会阶级分化问题。另外，整个住区空间的建设是逻辑自洽的，仿苏州园林与明清苏式建筑在形式上相得益彰，构建出一个具有完整表情的象征性空间——苏州园林的美感被抽象呈现出来，人们居住其中的渴望被转而寄托在这个再生产的空间——空间成了这种媒介，用以抚慰这种如“桃花源”般求而不得的内心骚动。由此，建筑与空间的形式实现了对自身以及住户的交代。

于后者，“桃花源”确立了对外话语的正当性。不难发现，桃花源在全国各地的“复制”再现并未招致市场的过多批判，反而成为当地住房市场走向高端化的一个标志。或许是因为，“桃花源”与世外隔离良久之后，自身存在形式的特殊性也成了“桃花源”的特点之一。《桃花源记》中渔人所见“男女衣着，悉如外人”，《桃花源诗》中的“俎豆犹古法，衣裳无新制”，都表现了生活形式的特殊性，则建筑样式亦然。当然，这一特点并不作为“桃花源”的本质属性存在，却的的确确是它的外在表现特征——商业地产很好地把握了这一点，而他们对地域元素的尝试性运用[①]似乎又显示出“桃花源”不得不面临的现实环境问题。

5.2.3 “桃花源”住区并非“桃花源”

当下的中式“桃花源”住区实践，事实上从未触及“桃花源”的本质。虽然选址的特殊性的确为它们创造了隐逸的物质条件[②]，但是住户的内心仍旧无法得到自由的释放。它构建起一个空间与时间的神话，在这里，关于历史的想象被局限在明清园林的美好场景之中，虽然那令人分神的园林式的外部空间确实能将人们从尘世的喧嚣中暂时解脱出来。然而，它最终构建的依旧是一个等

① 如融创在广东的春风桃源和西江桃源融入了满洲窗、楹联匾额等岭南地域特色元素，但整体较苏州桃花源变化不大。

② 如苏州桃花源位于独墅湖北侧的半岛之上，融创·南京桃花源位于佛手湖景区伸入湖面的半岛，玖溪桃花源则位于山坳之中等。

级化的、隔离式的社会空间——大房子占有更好的景观资源、每户的院落都是各自独立的，并且在庭园的面积和配置上精打细算，使得建筑和景观本身就成为业主经济实力差别的象征。

所有的生活模式也是被规格化的。相同的户型在拥塞的空间里左右翻转、前后错动，不同样式的立面元素在邻里之间重新搭配组合，以便彰显自身的独特性；然而，在这种形式化的操作中，中式建筑形式背后的意义被削除了，唯余一个形式的面具，用以遮掩那阵列式的空间中人被规格化、原子化的事实。

而中心的园林空间主要起到的也是景观作用，而非服务于公共交流活动（图5-2），它也同日常生活空间几乎完全分离，两者之间的视线处理更是矛盾重重①。如此，传统的桃花源所具有的那种聚合性的力量在“桃花源”住区中几乎不存在了，或者说，对于“桃花源”概念的引用并未对当代的“社区营造”产生足够效力。

图5-2　强调景观性而非活动性的中心景观（作者自摄）

① 日常生活空间既希望能看到公共空间的景观，又不希望受到公共空间的视线干扰。

第6章 理想人居环境的设计参照与策略研究

既然现有的有关“桃花源”的聚落实践并未在真正意义上触及桃花源的本质，那么我们是否有可能从一些与“桃花源”无涉，但是却关乎理想人居环境营造的聚落设计中，找到与“桃花源”内涵相关的一些设计策略？

本章将以国内外的理想住区设计为例，结合对“桃花源”内涵的思考，总结相关的功能配置及外部公共空间营造经验，以作为桃花源式理想住区设计的借鉴。

6.1 自由社会

“桃花源”中对于“自由”的广泛的、具有包容性的理解，使得住区对于特定人群需要的满足可以进一步拓展为对特定需要的满足。因此，国内外针对某种特定需求而展开的设计，都在一定程度上可以成为设计参照的对象。

6.1.1 微型社会

原初的桃花源，可以被视作一个理想的、自给自足的微型社会，在这个意义上，它与西方乌托邦所具有的完善的社会结构是存在共通之处的。

西方建筑师在展开人居环境营造的时候，也总是不可避免地会受到理想社会理论的影响。例如，勒·柯布西耶（Le Corbusier，1887—1965）设计的马赛公寓（Unité d'habitation）便将城市功能整合在其中。大楼的 7、8 层设置了面包房、副食品店、餐馆、酒店、药房、洗衣房、理发室、邮电所等供应生活必需品（服务）的商业设施，顶层则布置了托儿所、健身房、日光浴场、室外剧场等服务设施，使人们足不出户就能满足日常的生活所需。

马赛公寓的设计影响十分深远。例如，位于伦敦金融城中心的巴比肯住区（Barbican Estate）就受到了勒·柯布西耶的启发，也被设计成了一个微缩的小型城市。在这里，住宅楼被组织在共享空间的周围，音乐厅、剧院、画廊、购物广场，以及带有喷泉和瀑布的湖泊，这些共享功能在满足中高收入人群生活需求的同时大大提升了社区的文化氛围（图 6-1）。

同样的，在 Bjarke Ingels Group（BIG 建筑事务所）设计的“8”字住宅（8 House）中，普通公寓、豪华公寓、联排别墅那种不同形式的住宅被设置在上部，商业和办公空间位于底层，另外还有面向院落的幼儿园，以及位于首层和中间层的餐饮服务设施，实现了工作、居住、休闲、服务等的一体化。

在这些案例中，原本单一的居住功能被扩展为日常生活功能，甚至是文化生活功能，从而使得住区成为了一个微型社会，具有了原初桃花源或者乌托邦一般的功能表征。不过，必须注意到的是，功能上的复杂性或完整性并非桃花源的本质特征，它只代表了一种功能组织上的可能性。

6.1.2 单元叠合

在一些建筑中，通过形体几何单元的叠合，形成了立体村落一般的空间感受，这在一定程度上能够引发人们关于传统理想生活的想象，进而与原初的桃花源形成呼应。

由加拿大知名建筑师摩西 · 萨夫迪（Moshe Safdie）设计的蒙特利尔栖息地 67 号（Habitat 67），将 354 个灰米黄色的预制混凝土长方体错落有致地叠放在一起，使房间具有良好的采光通风条件的同时，为每一户住宅提供了私有花园平台。整体看来，建筑如同叠放的积木，也类似一个立体化的村落。

相似的例子还有西班牙建筑师里卡多 · 波菲尔（Ricardo Bofill，1939—2022）设计的“卡夫卡城堡”（Castillo Kafka，1968 年），其以深紫色的立方体相互叠合，构造出一个似乎处在不断膨胀之中的城堡；而他的“世外桃源”（Xanadu，1971 年），其围绕着中轴结构叠加布置了许多土褐色坡屋顶的体块，更强化了村落之感。

图 6-1　巴比肯住区的功能复合（作者自摄）

除了小体量的形体叠合之外，更大尺度的单元也能塑造出类似的空间体验，只不过那种小尺度的街巷和院落空间被更为宽阔的通道和庭院取代了，其中最典型的案例就是奥雷·舍人（Ole Scheeren）设计的新加坡“翠城新景”（The Interlace）。31 栋 6 层高的住宅单元，以六边形的格局相互联结叠加，形成了大量的屋顶平台和空中庭院，使得建筑与自然有了更多的接触，并在整体上营造出统一的社区氛围（图 6-2）。

这些单元叠合的组织方式，暗合了传统村落基于某种内在结构的自发生长模式，从而在现代主义建筑泛滥的社会环境中激发起人们内在的怀旧情绪——一种关于传统人居关系、人与自然关系的想象。这种情怀的显现并不是通过简

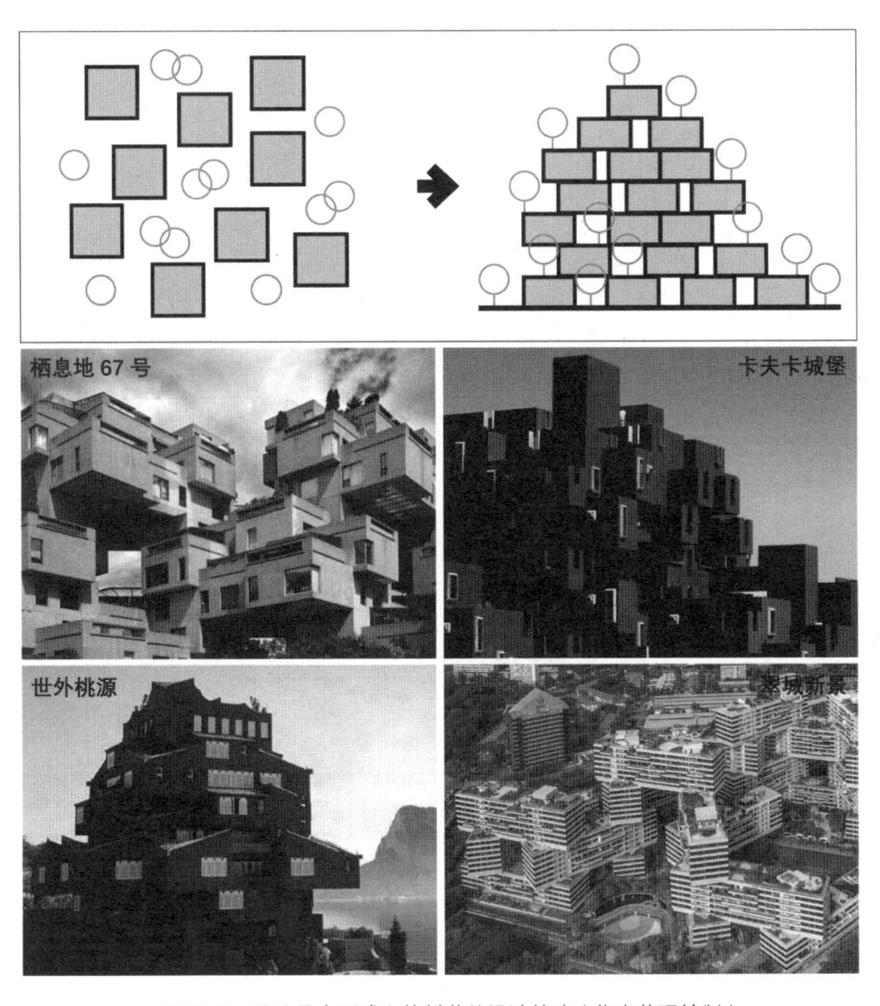

图 6-2　单元叠合形成立体村落的设计策略（作者整理绘制）

单的复古或仿造传统，而是利用新的材料和技术、以新时代的审美特征为指向，汲取传统聚落生成的内在逻辑而展开的全新演绎。

6.1.3 自我领域

原初的桃花源在形式上是一个围合的空间，因此这一表象特征也成为人们对于桃花源的基本认知。于是，如何对住区展开围合，或者说如何让居住空间成为一个自我独立的领域，是讨论桃花源相关人居环境设计的一种方式，而相关的案例也并不少见。

1. 形体围合

原初的桃花源依靠环境围合，而现代的住区要在形式上呈现围合之感，就必须依靠高大的建筑本身。例如，BIG 设计的曼哈顿高层住宅 VI Λ 57 West，将摩天大楼与欧式庭院相结合，塑造出一种名为 Courtscraper 的标志性建筑。通过这种标志性，住户得以在哈德逊河沿岸的建筑群落中建立起自我认同感。

事实上，这种通过形体围合来塑造内部世界是 BIG 常用的设计策略，包括瑞士斯德哥尔摩的 79&Park 住宅区、丹麦 AARhus 住宅综合体、荷兰阿姆斯特丹水上住宅 Sluishuis、加拿大 King Street West 项目等，都采用了这一形式（图 6-3）；而“8”字住宅也在形式上完成了两重的围合。

2. 重复性单元围合

除了通过形体进行完整的围合之外，设计也可以通过重复性的单元来对内部空间展开弱围合，从而形成具有相对领域感并且对外保持一定开放性的空间。

山本理显（Riken Yamamoto）设计的日本熊本保田洼第一住宅区包含了 16 个住宅单元，它们围绕着一个核心的绿地广场，形成一个集体性的领域；在韩国城南市板桥住宅区项目中，共有 9 组低层住宅组团，每个组团的二层为共享平台，由 9-13 个模块化的单元围合（图 6-4），这些单元的首层采用了透明玻璃材质，以促进邻里交流的发生。

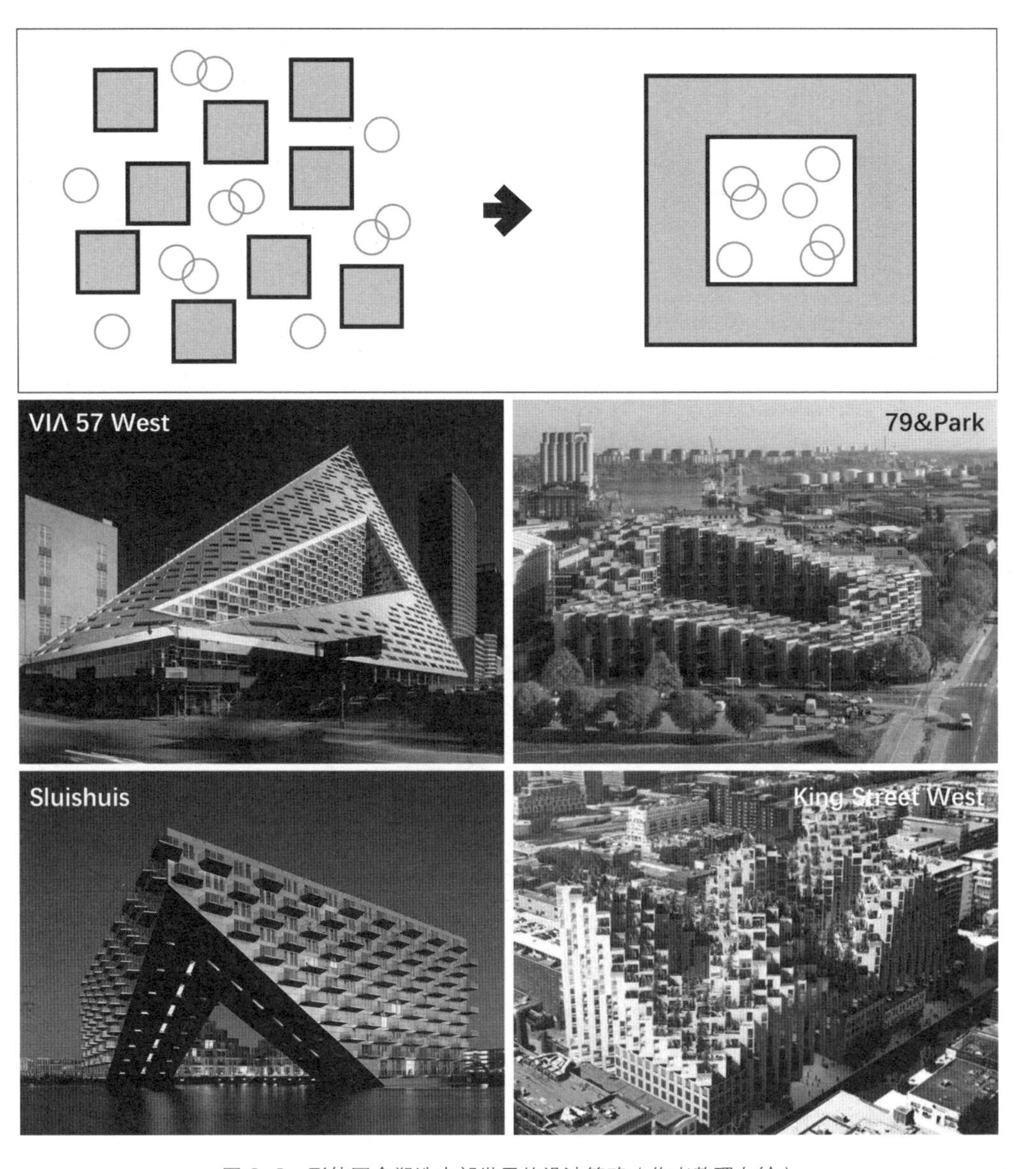

图 6-3　形体围合塑造内部世界的设计策略（作者整理自绘）

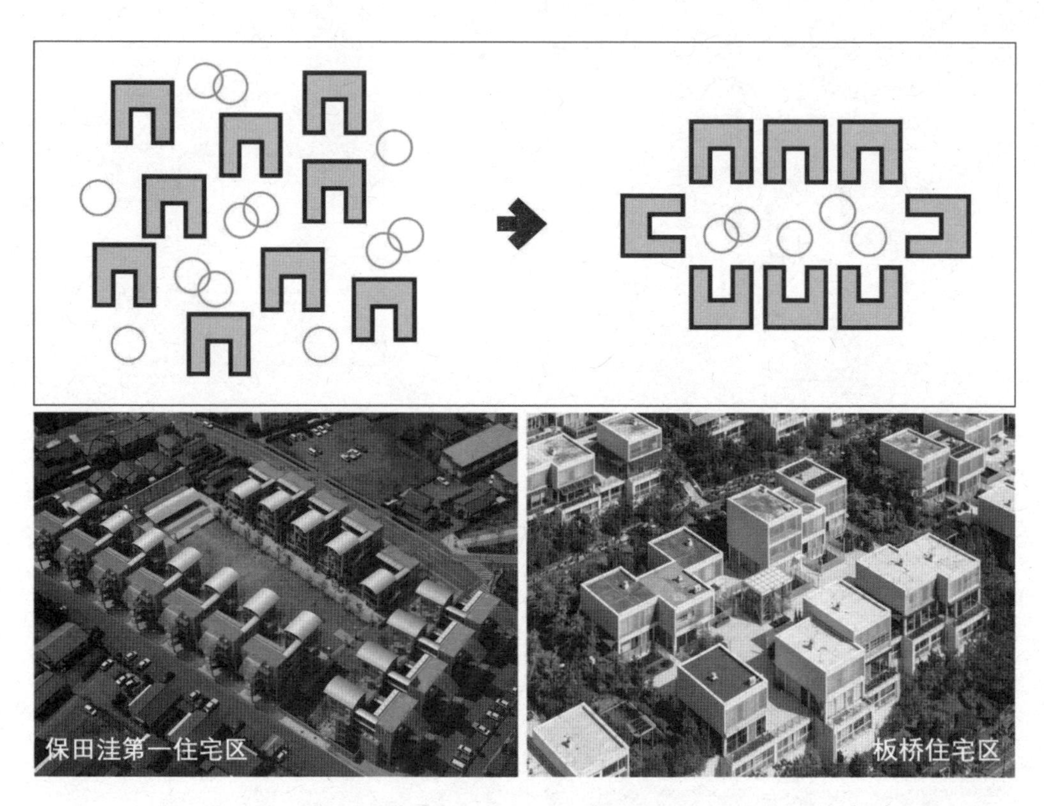

图 6-4　重复性单元塑造弱围合空间的设计策略（作者整理自绘）

3. 交通分层

在巴比肯住区中，建筑师设计了两套步行系统相互连接：架高人行道（highwalk）和基座（podium）。架高人行道是一个由桥梁和狭窄人行道组成的网络，它们环绕着整个住区，提供了一种叠加在城市道路之上的住区进入方式；基座是一个抬高的平台，它成为从架高人行道进入住区之后的新地面。由此，巴比肯住区建构出了一个与外部城市道路相区分的空间领域（图 6-5）。

类似的操作也可以在 GAD（杰地设计集团）设计的衢州礼贤未来社区商品房项目中看到，其采用的立体步行系统，将所有居住组团的花园抬高，通过台阶、坡道和电梯在多个方向与城市街道连接，通过落差自然形成了社区的边界（图 6-6）；而在 MAD（MAD 建筑事务所）设计的北京百子湾公租房项目也通过立体分层将二层作为社区居民内部的公园，以环形步道串接起健身房、球场、游乐场、农场、服务中心等功能，由此形成了“上下—内外”的区分。

图 6-5 巴比肯住区中的交通分层（作者自摄）

图 6-6 礼贤未来社区商品房中的交通分层（作者自摄）

6.2　超越居住的感官体验

桃花源作为一个基于对现世的不满而形成的理想场所，其本身具有一种“反抗”的属性。因此，基于桃花源转译的人居环境空间与世俗生活之间必然存在着一定的差异性，这种差异性的体验成为人们得以摆脱枯燥的日常生活节奏的一种契机。

不过，需要明确的是，相较于这种差异性，桃花源更为在乎“中”的转化过程。也就是说，尽管这种带来差异性的设计策略十分重要，我们在未来的桃花源演绎中，还是更应该聚焦于“日常”和“非日常”的转化过程。

6.2.1　路径与漫游

在快节奏的城市生活中，几点连线的生活方式造成了路径的“消失”——由于目的地的明确性、高速交通的发展以及生活的疲惫感，人们对于路径的感知消失了——人们不再关注树荫、鸟鸣、流水等过程中的感受，而更多在乎出发、到达的时间和地点问题；路径在视线中出现的时候往往是它出现故障的时候，如交通事故导致的堵车。

因此，对于路径和过程性的重新关注，事实上是对于当下高效的、缺乏人文关怀的生活方式的反抗；通过重新将漫游式的生活方式纳入人居环境，人们得以获得“非日常”的空间体验。

BIG 的 8 字住宅，在东北角抬高，又在西南角落下，这种体量操作暗示了形体的连续性；不仅如此，建筑师还在建筑中植入了坡道，人们可以步行或者骑自行车从一楼开始，途经住户们的花园以及富有特色的公共空间，在建筑中“8”字穿梭，一直盘旋抵达屋顶，享受登山一般的乐趣（图 6-7）。

而在 GAD 的衢州礼贤未来社区安置房项目中，也设计了一套连接不同楼层公共空间的跃层、跨单元立体游廊系统，被称为“立体街坊”（图 6-8），以此提供了更多的交往机会。

图 6-7 BIG 的“8”字住宅中的连续路径与漫游感受（作者自摄）

图 6-8 礼贤未来社区安置房中的“立体街坊”（作者自摄）

6.2.2 异质化

居住于混凝土森林之中的人们对于真实树木所组成的森林有着发自内心的渴望，因此，为混凝土建筑赋予“森林”属性的设计不仅能够给城市带来异质化的元素，同时也以其异质的特征构造了一个超越日常的世界。

2014 年，世界上首个“垂直森林”在意大利米兰诞生。在两栋楼的露台上一共种植了 800 余棵乔木、5 000 株灌木，以及 15 000 株藤本和多年生植物，这些植物根据立面的日照条件分布，并通过加固和风洞测试保证了植物的稳定性。除此之外还通过较前沿的灌溉技术和“飞翔园丁”来开展植物维护。

现如今，这项技术在中国常以“第四代住宅”的形式进入市场，它为中国住宅的多样化发展带来了一种可能，也为高层居民提供了在居室空间亲近自然的机会。不过，由于其后续成本较高且容易导致蚊虫集聚、采光遮蔽等问题，如果仅仅依赖于业主本身的种植和维护，往往难以在整体上达到垂直森林的效果。

6.2.3 色彩与形式

建筑丰富的色彩不仅能令人眼前一亮，还能提供一种梦幻般的居住体验。在这一领域，西班牙著名的建筑鬼才波菲尔有着诸多为人称道的实践。

其最知名的项目，是位于西班牙的“红墙”（La Muralla Roja，1973 年）公寓。这座位于悬崖上的雄伟城堡，由红色、淡紫色、蓝色、淡粉色的墙壁构成，丰富的色彩、简单的线条、几何抽象的形式，充满了梦幻色彩。正因如此，这一建筑成了经典手游《纪念碑谷》的场景原型。

另一个经典案例是“瓦尔登 7 号”（Walden-7，1975 年），它的取名源于斯金纳的科幻小说 *Walden Two*，该书描绘了一个理想的乌托邦社区。波菲尔构造出了一个陶土红色的城堡，内部则主要采用了绿松石色，并通过体量的错动以及走廊、阳台的变化，塑造出了迷宫般的世界（图 6-9），形成了一种对社会住房乌托邦式的设想。

图 6-9 利用色彩与形式塑造梦幻的空间体验（蒲千儿摄）

可见，色彩作为一种设计要素，对于人居环境的氛围设计具有很大的影响。不过，选择什么样的色彩、如何运用这些色彩等问题，则需要结合具体的文化社会环境，展开更深层次的思考① ——正如波菲尔的这些设计，是与西班牙的本土文化存在密不可分的联系的。

① 结合文化对生活空间展开的形式、色彩、氛围等方面的非日常探索，可参见：YANG Jing, FU Wenwu. Reinterpretation of Chinese Mountain-Dwelling Spirit in Sustainable Residential Design[J]. Journal of Green Building, 2022, 17(4): 267-285.

6.3 社区书写

人居环境如何能够承载叙事的发生，特别是关乎“有无”“寻觅”等主旨的叙事的发生，是对桃花源展开内在结构演绎的重要切入点。在当代，有些人居环境设计也呈现出很强的叙事性，虽然它们并不存在“有无”“寻觅”的叙事结构，但它们的叙事展开方式，以及叙事与空间和环境设计的结合方式，也是颇值得借鉴的。

6.3.1 突破性

欧美国家的发展经历了城市化和逆城市化的过程，在这一背景下，新城市主义（New Urbanism）应运而生。20 世纪 90 年代初，针对郊区无序蔓延带来的城市问题，这一理论主张借鉴二战前美国小城镇和城镇规划优秀传统，塑造具有城镇生活氛围、紧凑的社区。

美国佛罗里达州北部的海滨小镇（Seaside）便是最早的美国新城市主义原则下设计的社区之一。杜安尼和普雷特—兹伯格（Duany & Plater Zyberk）恢复了传统城镇和城市中的轴线、节点、标志物、林荫道等结构特征，并将其与郊区住宅院落、适宜人行的街道、促进交流的邻里空间、优美的绿化环境结合起来。这一设计成为后来美国社区规划的典范，也因其相对于当时的突破性思考而成为规划师和建筑师们不断学习研究的对象。

同时，海滨小镇因其规整的、既祥和又刻板的社区形象，赋予人既温馨又带有束缚感的感受，也因此成为经典电影《楚门的世界》的取景地；而电影本身又转而带动了海滨小镇叙事的丰富化与旅游产业的发展。

6.3.2 网红效应

阿那亚，位于河北省秦皇岛市北戴河新区国际滑沙中心北 500 米，是一个相对封闭的商业社区。

它的出圈源于 2015 年的一条视频“全中国最孤独的图书馆”。这一建筑由直向建筑设计事务所的董功主持设计，通过身体的活动、光氛围的变化、空气的流通以及与海洋景致之间的共存关系，图书馆拥有了独特的孤独气质，并随着媒体的传播而广为人知，这赋予了阿那亚不一般的品质想象。

在此之后，阿那亚礼堂、艺术中心、沙丘美术馆、山谷音乐厅、金山岭上院、海边剧场、音乐厅等等兼具建筑性和艺术性的网红建筑在阿那亚不断破土而出，使其成为建筑和艺术爱好者的“朝圣地”；而每年上千场的活动，包括各种稀缺的戏剧节、音乐节和艺术展等，又得到了众多的文艺青年和中产阶级的青睐。最终，随着短视频的兴起，各种滤镜化的场景空间又进一步加强了网红属性及吸引力。

基于此，阿那亚的房屋价值也得到了极大提升，而其自有的食堂、商业等等，也的确为这里的居民提供了生活的便利。不过，阿那亚作为一个文旅地产项目，在创造文旅收入和提升业主日常生活品质之间必须做到适宜的平衡（图 6-10）。否则，过度的网红要素植入将不可避免地带来人群的复杂化、噪音的不可控，以及设施的占用等问题，从而反过来降低居住环境的品质。

图 6-10　阿那亚中的网红建筑与居民生活（周宁摄）

下篇

桃花源作为主题住区环境

从桃花源的“自然”空间范式出发，结合具体的设计策略，如何能够形成当代人居环境设计的操作理念和操作方法？本篇将基于研究提出一个全新的住区设计理念——“主题型住区”。

第7章 当代住区的审视

为何从桃花源出发，最终转向了中国当代的居住问题？这涉及多方面的原因：

首先，居住问题是并且一直会是建筑学的核心问题。所谓“衣食住行”，在人们日常生活中，“住”包含在最基本的层面当中，而原初的桃花源描绘的事实上也是一个居住场所。面对网络技术的发展，王子耕推断未来人类生存形态的3个方向及相应的3种建筑分化：奇观建筑、基础设施建筑和居住建筑。“人类只要不能舍弃身体的束缚，居住空间就会永远存在”，有的只是居住属性的变化[①]。

其次，中国建筑界对于居住问题的探讨十分边缘化，特别是针对与大多数人相关的集合住宅的理论和实践探索更是屈指可数[②]。当然，有部分建筑师针对极少量的独立住宅，特别是就园林和住宅的关系展开探讨，不可否认这些研究和实践有其价值，但是对于中国大批量的住宅生产缺乏实际指导意义；更多情况下，学者们远离了住宅设计，例如“同济八骏”[③]等。事实上，从之前桃花源相关的建筑和艺术实践中就可以发现，桃花源在公共建筑中的演绎相对来说

---

① 王子耕．3种建筑：疫情下关于网络与建筑的一些思考[A]// 群论：当代城市 · 新型人居 · 建筑设计．建筑学报，2020，618（Z1）：26-27.

② 这主要包括王澍设计的杭州钱江时代，以及同济大学李振宇对于住宅原型“宅语”的一些研究。

③ 李振宇，卢汀滢，宋健健，等．看不见和看得见的手——新世纪中国住宅建筑设计的特征及其成因刍议[J]. 新建筑，2020，189(2)：23-28.

是比较简单的，因为它的操作对象自由度更大，而桃花源如何启发住宅设计，则是一个更为艰难、更值得探讨的问题。

最后，中国当代居住建筑也是现代性问题最突出的建筑类型。中国当代社会面临着严峻的现代性问题，而在建筑领域，居住建筑，特别是与普罗大众密切相关的高层居住建筑，是矛盾最为突出的地方。一方面，住宅作为一种商品，标准化、同质化的现象日趋严峻；另一方面，住宅建筑产业与现代资本相互纠缠，其运作、设计、施工都与“效率”问题紧密相关，高效就意味着高回报。这些因素使得（高层）住宅建筑成为一个“现代性”的典型。因此，要发掘桃花源所具有的价值，就必须让它直面最严峻的问题，从而尽可能地发掘出它面向现代性问题的潜力。

7.1 当代中国居住问题

中国当下居住问题的出现，来源于中国社会发展中普遍面临的现代性困境①。虽然“现代性”问题起源于西方，但是随着全球化的快速发展，它已然成为跨越民族界限的普遍现象。“人类的四重家园——人与自然的生态家园、人与人的社会家园、人与自我的精神家园以及人类文明的全球家园遭遇了前所未有的冲击。”②居住建筑作为最直接反映人与世界联系的建筑类型，这些问题尤为突出。

7.1.1 户内空间：人与人的断裂

在前现代社会，人的生命世界被限定在某个生活群落和阶层身份的范围之内，“处于稳定秩序当中的个体通过其在秩序中所处的环节而获得自己的身份感和归属感”③。而随着我国现代化、城市化的不断推进，土地资源有限的大城市聚集起越来越多的人口，建设高层住宅成为解决居住需求的有效途径之一。

---

① 杨靖，任书瑶，傅文武．“居格”：基于中国传统园林建筑的当代高层住宅文化形态重构 [J]. 住区，2025，125(1)：26-34.

② 漆思．现代性的命运——现代社会发展理念批判与创新 [M]. 北京：中国社会科学出版社，2005：3.

③ 吴玉军，李晓东．归属感的匮乏：现代性语境下的认同困境 [J]. 求是学刊，2005(5)：27-32.

这种聚居方式虽然增加了人口密度，却打破了所有传统居住聚落的组织方式，以将独立的家庭单元重复叠加来实现建造效率的最高。这种方式在保障了人们的隐私需求的同时却加剧了人与人之间的隔离，所以，在高度集约的城市居住空间中，彼此的陌生感塑造了流动变化的社会关系，离散的“人”也就自然而然地陷入了归属感匮乏的困境。

其实，单元式住宅并非高层住宅设计的唯一解，廊式和塔式的高层住宅都曾有过许多的探索。然而，如今单元式住宅正蓬勃发展，而塔式住宅却在除华南、西南以外的地区很少出现，廊式住宅则几乎不再被使用了。平面模式的雷同，既有单元式住宅日照、通风条件好的客观优势，也有市场的大量引导和住户从众心理的主观因素使然[①]。在单元式住宅中，住户可通过竖向公共交通直达自家门口，而廊式和塔式住宅标准层的走廊要满足更多户的使用需求，公共性更强，而这也为人与人之间的交流提供了潜在机会；然而后者也意味着私密性在一定程度上的缺失，这在当下的居住文化中似乎成了禁忌。

就这样，高层住宅聚集了人，同时也离散了人。

7.1.2 户外空间：人与自然的断裂

随着人们的居住空间越来越往高处发展，人似乎距离他们赖以生存的土地越来越远了；同时，我们并没有因此而距离天空更近。人们的生活被局限在水平展开、逐层叠加的单元空间中，可谓“上不着天，下不着地”，丧失了传统住宅和自然的亲密关系。

在高层的住宅单元中，人与自然的可接触机会本就不多，唯一的阳台又时常处于安全性和功能性的需求而被封闭起来。即使居于阳台，外部景观也无法再呈现自然的美感——前方的高层或是层层叠叠阻隔了地平线，能直面自然景观的高层住宅实属罕见。另一方面，虽然阳台本身承载了住宅单元与自然沟通的功能，但它与中国传统中的“院”却存在着本质差别。“院”是直接面向天空打开的，所以会出现类似“四水归堂”的被赋予象征意义的自然现象；而阳

① 李振宇，常琦，董怡嘉．从住宅效率到城市效益 当代中国住宅建筑的类型学特征与转型趋势 [J]. 时代建筑，2016(6):6-14.

台则上有覆盖，至多可类比作传统建筑的檐下空间。这也就意味着，“院”的本质形式或演绎形式早已消失在高层住宅单元中。

然而，与其说人不再拥有“自然”，不如说资本为人重构了“自然”的感知结构。通过将人安置在阻隔自然的某个具体的三维空间坐标，人得以在城市立足，而人也就同时享有了城市中各种生活服务设施，包括公园——关于“自然”的新的营造，它们为人的“自然”体验赋予了更多的变化和可能。不过，公共绿地与居住空间是相互分离的，由此也就失去了“联系”本身所带来的空间情趣。

7.1.3 空间形式：人与本土文化的断裂

城市中的高层住宅，同时还面临着文化选择的困境，它们总是试图通过对外来文化形式的借鉴甚至是摹仿，来表达自身面向时代的“现代化”特征。立面形式因其最直接的视觉表现而成为当今高层住宅最擅长的着力点。高档住宅多采用“欧陆风”“新古典”“Art Deco”等风格，强调富丽奢华的建筑形象，另一种与之相对的简约“国际式风格”大玻璃住宅也正大行其道；而中档住宅倾向于“新形式主义”[①]，低档住宅和一些保障性住房则常常以“原功能主义”简单处理[②]。这些操作背后充斥着对形式的盲从和对传统文化的不自信。面对市场中占据大比例的该类型住区，以及住房作为大宗商品的特殊属性，消费者几乎丧失了对住区建筑形式的选择权，因而市场也缺乏足够的动力转向风格的变化，更不必说是模式的转变。

诚然，中国传统建筑在竖直方向的发展本就面临着历史性困境：强调水平延展的传统建筑如何在延续自身内在逻辑的基础上转变为强调立体性的高层建筑？对于高层建筑中“民族形式”的探讨，梁思成早在1954年的论文《祖国的建筑》中就展开了畅想（图7-1），其在布扎新古典主义构图法则的基本“文法”

① “新形式主义”在此处主要指“形式追随利润”的建设模式，通过对西方古典“三段式”的极度抽象，运用于高层住宅立面设计，既能保证一定的品质感，又能控制成本；“原功能主义”指以满足功能要求为最终目的，在形式的处理只为满足功能的需要。可参见：郑时龄．当代中国建筑的基本状况思考[J]．建筑学报，2014(3)：96-98.

② 李振宇，常琦，董怡嘉．从住宅效率到城市效益 当代中国住宅建筑的类型学特征与转型趋势[J]．时代建筑，2016(6)：6-14.

图 7-1　梁思成的中国式高层建筑想象（引自梁思成《祖国的建筑》）

下对中国传统建筑“词汇”进行重新组织，可惜，那是在当时特殊的社会主义历史时期中所作的悲剧性努力[①]；到了 20 世纪七八十年代，对“民族形式”的探讨转向“传统”，讨论的核心也聚焦在“院落 / 庭园”“空间序列”等方面[②]，这拓宽了建筑师的设计思路，但此时高层对于传统借鉴的思路更多的依旧是抽象形式[③]，而对于那些核心问题的探讨则大多在地面或屋顶展开。建筑师不懈努力却收效甚微，足以见得其难度之大。

于是，在高层住宅形式的选择问题上，资本“不得不”与传统“决裂”，转而拥抱业已成熟的外来文化，同时结合本土技术展开了文化的再生产。这也就在很大程度上决定了我们当下“千城一面”的城市面貌[④]。

---

① 朱涛．新中国建筑运动与梁思成的思想改造：1952—1954 阅读梁思成之四 [J]. 时代建筑，2012(6)：130-137.

② 诸葛净．断裂或延续：历史、设计、理论——1980 年前后《建筑学报》中“民族形式”讨论的回顾与反思 [J]. 建筑学报，2014（Z1）：53-57.

③ 20 世纪七八十年代的高层建筑建设以旅馆建筑为主，关于当时旅馆建筑设计的相关总结参见：张皆正，唐玉恩．创造中国式旅馆的四十年——新中国旅馆造型设计回顾 [J]. 建筑学报，1989（10）：46-48.

④ 根据《城市用地分类与规划建设用地标准》（GB50137-2011）中表 4.4.1 的规定：居住用地占城市建设用地的比例宜为 25.0% ~ 40.0%，占比最高。因而，城市中住宅建筑的形象很大程度上影响到城市的形象；同时，其他类型的建筑也面临着相同或类似的问题。

7.2 问题剖析：流动的现代性

人与人的断裂、人与自然的断裂，以及人与本土文化的断裂，使得人们被连根拔起，原子化为一个个独立的孤岛，被迫在高速流动的城市环境之中随波逐流。

流动性（mobility）是现代社会的一个重要特征，英国社会学家齐格蒙特·鲍曼（Zygmunt Bauman，1925—2017）直言，流动的现代性的到来已是无需争辩的事实①；约翰·厄里（John Urry，1946—2016）也不止一次地指出，流动性是现代社会生活的核心，因此必须成为社会学研究的中心。随着流动性与现代性的不断交织，这种构成新型社会组织的特殊形式的日常生活的流动性受到了越来越多的关注②。

因此，从流动性的角度，或许能够帮助我们更好地剖析中国当代的居住问题，从而找到解决问题的切入点。

7.2.1 人口流动下的居住机器

自改革开放以来，中国的城镇化率不断提高，从 1978 年末的 17.92%，到 2023 年末的 66.16%③，显示出城镇常住人口数量的飞速增长；另一方面，我国流动人口数量也随之迅猛增加。根据我国第七次全国人口普查（2020 年）数据显示，我国内地流动人口约 3.76 亿人，约占全国总人口的 26.6%④。在这背后，追求经济目标是人们迁移流动的最主要原因⑤；而我国经济社会的持续发展，也为人口的迁移流动创造了条件。

---

① 〔英〕齐格蒙特·鲍曼．流动的现代性 [M]. 欧阳景根，译．上海：上海三联书店，2002：35.

② 林晓珊．流动性：社会理论的新转向 [J]. 国外理论动态，2014(9)：90-94.

③ 国家统计局．中华人民共和国 2023 年国民经济和社会发展统计公报 [R]. 2024-02-29.

④ 根据第七次全国人口普查，全国人口共 141 178 万人，人户分离人口为 49 276 万人，其中流动人口为 37 582 万人。数据来源：国家统计局网站，https：//www.stats.gov.cn/sj/zxfb/202302/t20230203_1901080.html.

⑤ 段成荣，杨舸，张斐，等．改革开放以来我国流动人口变动的九大趋势 [J]. 人口研究，2008(6)：30-43.

中国当下的城镇化以及人口流动极大程度推动了整体经济的发展[①]。大规模的劳动力大军从相对封闭的农村走向开放的城市，物质资本、人力资本得以迅速集聚成为城市建设的生产力大军，成为当代产业发展中一道蔚为壮观的景象。

然而，人口的不断集聚，一方面使得中国农村的“空心化”问题日益严峻，另一方面城市中居住需求的矛盾也日益凸显出来，于是，如何在有限的城市用地中建设高容量的高层住宅，似乎成了一个不得不回应的问题。这样一种居住形势的出现，不禁让人联想到二战后欧洲城市重建中大规模的工业化住宅生产。那时，柯布西耶提出了“住宅是居住的机器”的口号，意图通过对住宅功能性的强调，采用工业化装配式大批量生产的方式建设住宅，以应对彼时的住房紧张问题——这与当下中国的境况可谓是如出一辙，住宅的功能性被提到一个具有绝对权威的高度。

事实上，当代中国的城市住宅比以前任何时候都更像机器。承载疏散功能的核心筒根据规范要求被压缩到极致；户型内部每一个空间的尺度都经过严格控制，以避免浪费一丝一毫的空间，有时甚至为了在特定的面积段内尽量多“挤”出一个房间而牺牲了一定程度的舒适性；阳台多被封闭起来以获得更大的室内面积，而飘窗和设备平台因其不计入建筑面积而往往被视作“偷取”实得面积的手段……

于是，算法成为更合适的展开当代住宅设计的工具，因为所有参数都可以被人为确定，同时计算机也拥有更强大的算力，来求取出特定条件约束下的最优解。例如，研究建筑智能领域的“小库科技”开发的“Plan Deep 深图远算”就实现了从住区规划到户型，直至结构暖通机电和后期出图等的一整套标准化工作流程，使住宅设计变为了一项“条件设定—结果输出—方案选择”的机械工作。

然而，就是在这样一个过程中，人的身体经验被逐渐剥离开来。

建筑的语言不再被用来捕捉感受、描述现实，而是变成了一种几乎完全理性的建构，而这些精心建构的语言系统，将人们生活的痕迹抹除殆尽了。现代建筑一点点剥掉了附着在其上的“物”，来构思与机器时代相匹配的生活空间，

① 蔺雪芹，王岱，任旺兵，等．中国城镇化对经济发展的作用机制 [J]．地理研究，2013，32(4)：691-700.

这些“物”包括装饰与纹样、丰富的材料质感、家居摆设、纪念物和使用的痕迹，而这些都是人的身体经验的外在表现[①]。

因此，人们在当代的居住体验中，不可避免地承受着异物感，这是因为机器化的居住空间与我们生动的生活、丰富的情感是不兼容的，而我们对此却无能为力。

7.2.2 资本流动下的建筑商品

当代城市住宅作为一种商品，早已被纳入整个工业大生产的环节中去。在资本的推动下，建筑效率（efficiency）成为绝对的追求。住宅设计对于“效率”的关注，本质上都是对“货币”的关注。在房地产行业，“高周转”模式饱受关注，它主要以快速开工、销售的方式提高资金利用效率，以此扩大自身规模，提升行业排名，这又能为企业获得更多的融资，形成所谓的“良性循环”[②]。

然而，过分追求“效率至上”的原则，将违背正常的施工程序、挤压正常的工艺时间，从而导致一系列质量问题甚至是建造事故的发生。2018 年 6 月 24 日，上海奉贤区一处碧桂园小区在建售楼部发生模架坍塌事故，造成 1 死 9 伤；7 月 2 日，河南安阳中华路碧桂园在建工地发生火灾；7 月 19 日，河南省淅川碧桂园工地发生火灾；7 月 12 日，杭州萧山所前镇碧桂园前宸府项目由于施工保护措施不当造成相邻城市道路塌陷，幸而未造成人员伤亡；又过了 14 天后的 7 月 26 日，安徽六安市碧桂园 · 城市之光建筑工地发生一处围墙和活动板房坍塌，事故造成 6 死 3 伤；8 月 1 日，江苏启东碧桂园一在建别墅发生火灾……接二连三的事故的发生，显然已不再是正常的建筑施工意外状况，而属于工程安全事故的范畴。这些事故的发生，与碧桂园住宅开发所贯彻的“高周转”模式有着密不可分的联系。

房地产行业的高周转由来已久。10 多年前，万科提出“5986 原则”，即拿地 5 个月动工、9 个月销售、开盘售出 8 成、产品 6 成是住宅，奠定了行业

① 金秋野．异物感 [J]．建筑学报，2016(5)：17-22.

② 贾国强．房地产大佬为何集体推崇“高周转”?[J]．中国经济周刊，2018(32)：69-71.

③ 引自人民网文章“碧桂园的速度与危情：正在为极速的高周转模式买单”，参见：http：//capital.people.com.cn/n1/2018/0806/c405954-30210448.html.

高周转的基调，很多全国性公司如保利、金地、龙湖等紧随其后[③]。但后来，在察觉这一模式所带来的危害之后，这些房企开始转向“均衡型快周转”之路[①]。而碧桂园则始终贯彻高周转模式并将其做到了极致，他们采用“快消”方式做地产，其内部熟知的“家法”是：实施“4568”法：4 个月卖楼，5 个月回款，6 个月现金流为正，8 个月再投资；开盘销售实施“789”法：新入市项目，开盘一周内去化不低于 70%，买地后，首期开工须销售 80% 的存货，新入市项目，开盘当月去化率要达到 90%[②]。

同时，高周转还意味着“设计”的时长被进一步压缩了。为了在短期内完成一系列的设计报批工作，户型设计很少有充足的时间展开从“0”到“1”的设计，基本上都是在成熟户型的基础上，根据场地条件以及户型面积段的需要，做少量的调整，这也就导致了当代中国的城市住宅户型呈现出越来越同一化的倾向。而住区中户型的数量也被尽量压缩，以减少绘图的工作量，这意味着对于场地环境的应对变得愈发粗糙。这种强调速度而对设计品质没有要求的方式，在设计界饱受争议。事实上，碧桂园的设计工作主要由自有设计院完成，以提升周转效率。

另一方面，住宅也在资本市场的快速发展中，逐渐脱离了它实体经济的属性，转而成为金融产品。于是，住宅越来越脱离其原初属性中对于人们生活经验和自我情感的关照，“蜕变”成一个完全用货币衡量的限定空间。

这种极速的流动性终于在当代出现了反噬。一方面，随着房地产行业的高速发展，我国的人均住房面积从 2008 年的 15.4 ㎡、2014 年的 25.4 ㎡，增加到 2023 年的 41.76 ㎡，已达到发达国家平均水平，而随着人口的负增长，人们对于房产的需求量降低，并保持着观望的态度；另一方面，为避免房地产的盲目开发和泡沫的出现，政府出台了一系列的政策来增强房地产企业融资的市场化、规则化和透明度，并对银行发放房地产贷款规模及占比进行了控制。于是，房地产行业出现了不可避免的下行，这一状况在近些年来愈发严峻。

---

① 引自南方新闻网搜狐文章“碧桂园式‘高周转’笼罩中国地产，房子只是快消品？”，参见：https://www.sohu.com/a/233265451_222493.

② 同上。

7.2.3 价值流动下的无家可归

在古人的眼中，客观世界不断地运动变化，如同具有生命一般，而这些变化在古人眼中都是由某些精神体所支配的。于是，在这些现象背后，必然存在着意志、善恶、价值和目的等因素。而中国文化强调的“天人合一”，则使得宇宙运转的这些规则与人的道德行为活动产生了密不可分的联系。

然而，随着科学理性的不断发展，人们对于客观世界的认知逐渐排除了精神体的作用，这种对知识神秘性、神圣性、魅惑力的消解，就是所谓的“祛魅”（Disenchantment）。通过一个又一个领域的“祛魅”，自然被逐步看作纯客观的物质集合，客观世界无生命、没有喜怒哀乐，不再与价值、意义等精神现象相关，更不受人类思想感情的支配。于是，传统社会中那种统一且固定的价值观消失了，人们不再相信自然所具有的终极意义，陷入了价值的多元与混乱之中。

与这种认识论的转变相并行的，是人们居住的群体结构的变化。

在传统村落中，人们的生产生活受到聚落内在结构的约束。村落往往在风水理论和宗族制度的影响下逐渐发展起来，因此大的山水环境决定了建筑的空间布局和朝向，这也意味着人们的日常生活按照自然的山水结构被组织起来；而宗族制度形成了古人对于自我归属感的认知。这些通过共同活动来实现共同利益而构成的联合体，被称为“共同体”。

随着科学技术的发展，城市文明与传统聚落之间的差异日益显现。人们出于经济发展的目的离开村落，扎进了都市文明的洪流之中。大都会由于其街道的纵横交错，以及经济、职业和社会生活的发展迅速和形态多样，造成了一种强烈的差异感，其营造的心理环境与小城镇和乡村生活大相径庭[①]；而人们居住空间的称谓也不再是具有个人特征的“某某家”，而是变为一串代表空间位置的无情的数字。

这种转变在德国社会学家斐迪南·滕尼斯（Ferdinand Tönnies，1855—

① 齐美尔在本文的最后自己注释道：“鉴于本文的性质，本文内容不能作为引文来引用。本文关于文明史的主要论点是在我的《货币哲学》一文中提出的，并有详细的论述。”不过，齐美尔的文章对于都市生活的剖析在本文中显得更为生动，所以本书斗胆将其引用。参见：〔德〕齐美尔．桥与门——齐美尔随笔集 [M]. 涯鸿，等译．上海：生活·读书·新知三联书店，1991：259.

1936）那里有更为清晰的表述。在他的《共同体与社会：纯粹社会学的基本概念》（*Gemeinschaft und Gesellschaft：Grundbegriffe der reinen Soziologie*）一书中，将人类群体生活分为两种类型，分别是“共同体”（Gemeinschaft）和“社会”（Gesellschaft）：

共同体是持久的和真正的共同生活，社会只不过是一种暂时的和表面的共同生活。因此，共同体本身应该被理解为一种生机勃勃的有机体，而社会应该被理解为一种机械的聚合和人工制品。①

当人们生活在这种“机械的聚合和人工制品”中时，人们不但失去了共同体中统一的发展目标，同时还不得不应对都市社会所带来的刺激。正如德国社会学家格奥尔格·齐美尔（Georg Simmel，1858—1918）在《大都会与精神生活》（*The Metropolis and Mental Life*，1903）中所言：“现代生活最深层的问题，来源于个人试图面对社会强势力量，面对历史传统的重负、生活中的物质文化和技术，同时保持自己的独立和个性。”②

在这种对抗之中，厌倦（blasé）的心理现象自然出现了，人的自我保护要求他有一种不折不扣的消极的社会行为，这表现为人与人之间的保留态度；这种保留的内在不仅是漠不关心，还是一种轻度的厌恶、一种相互的疏远和排斥③。

于是，人们从共同体中的自由和稳定，转变为社会中的约束与不安，陷入了一种“无家可归”。这里的“家”是心理层面而非物理层面的“家”，指代人们心灵归宿的丧失，它在传统中以聚落共同体的形式呈现出来，而在当代社会中，这个“家”不仅消失了，而且以单一化的住区形式，不断刺激着我们的身体和神经。

---

①〔德〕斐迪南·滕尼斯．共同体与社会：纯粹社会学的基本概念[M]．林荣远，译．北京：北京大学出版社，2010：45.

②〔德〕齐美尔．桥与门——齐美尔随笔集[M]．涯鸿，等译．上海：生活·读书·新知三联书店，1991：258.

③〔德〕齐美尔．桥与门——齐美尔随笔集[M]．涯鸿，等译．上海：生活·读书·新知三联书店，1991：265-270.

7.3 策略提出：住区共同体的营造

从之前的研究中，我们可以看到“共同体”和“社会”之间的显著差别，以及处于当代“社会”中的我们对于“共同体”那种理想乡所抱有的美好期待和想象。

那么，我们能否在当代住区中重现“共同体”所具有的价值和意义？这其实并不是一个简单的移植过程。因为首先，“共同体”本身的概念也并非一成不变，而它在历史中的发展也就意味着人们对其内涵的扩充，那么，理解其内涵转变中始终不变的点——正如我们研究桃花源一样——是把握共同体本质不可回避的过程。也唯有如此，我们才能在当代语境下重新发明“共同体”；除此之外，对于共同体植入当代社会的具体路径，也并非简单嫁接就能完成，对这一问题还需要更为细致的考量。

7.3.1 共同体的发展

共同体一词源于古希腊语“koinonia”，原意指集体、群体、联盟、共同体以及联合、联系等；在亚里士多德（Aristotle，公元前 384—322）的《政治学》（*Politica*）语境中，城邦即属于共同体的一种，它意味着许多不同的城邦公民，在共同的善的道德价值的指引下，通过共同活动来实现共同利益而构成的联合体。从这个意义上看，古希腊时期的共同体是基于某种道德价值而发展起来的，具有强烈的人文关怀。不过古罗马时期转而从“法”的角度来理解共同体，在西塞罗（Marcus Tullius Cicero，公元前 106—43）的《论法律》（*De Legibus*）语境中，共同体表示具有公共性质的集体会议，此时的共同体或多或少带有了制度化的倾向。于是，“原初形态中自然而然的共同体被人为构建的共同体所取代，而原本赖以维系的共同情感则被讨价还价、激烈竞争的契约关系所置换”[①]。

这样一种置换在后来得到了继续发展。

① 胡寅寅．走向“真正的共同体”——马克思共同体思想研究 [D]. 哈尔滨：黑龙江大学，2014：14-15.

到了中世纪，在神学的统摄之下，共同体思想探讨的核心问题由人与人之间的关系转为人与神的关系，而维系共同体稳定的力量也从理性的普遍原则变为信仰的权威。

文艺复兴和宗教改革是近代哲学的思想准备，二者所带来的人文主义精神和内在性原则将人们的理论关注点从天国拉回了人间。英国和法国的思想家试图通过社会契约来塑造共同体，这些探讨都集中在了政治哲学领域。然而由于近代哲学家倡导的理性主要是科学理性，这就使得启蒙运动的两大支柱——理性和自由发生了尖锐矛盾。

后来，德国古典哲学开始在精神领域追寻自由共同体，他们讨论的问题不再是“什么是最好的共同体”，而是“共同体何以可能”，意即共同体成员如何能够愿意参与到这个共同体的建构过程之中。康德（Immanuel Kant，1724—1804）认为人具有自由理性能力[①]，这种思考止步于纯粹的道德形而上学；而费希特（Johann Gottlieb Fichte，1762—1814）则试图从法权问题的角度来思考自由问题，只有当人们从道德领域过渡到法权领域时，自由才能得到全面的实现，法权共同体才能实现人们的自由，马克思（Karl Heinrich Marx，1818—1883）对这一思想表达了肯定，并从实践的角度考察共同体与人的关系，形成了“真正的共同体”思想[②]。

可以看到，无论共同体的概念如何发展，他始终是人的存在方式，与“人”密切相关。正如相关研究者所言：“什么是共同体？……我们将看到，这可以解析出超过 90 个共同体的定义，而它们之中的唯一共同要素就是人！[③]”因此，所谓的共同体，讨论的就是如何将人以相同的利益或目标聚集起来。

---

① 在纯粹理性领域，人们借助自己的知性能力构建起对现象界的一致认识；而在实践理性领域，因为人具有实践理性，所以人可以按照人的方式行事，从而彰显人的价值和尊严。自由在康德看来只属于个人内在的理性精神和道德领域，并不具备实现的条件。

② 胡寅寅．走向“真正的共同体”——马克思共同体思想研究 [D]．哈尔滨：黑龙江大学，2014：26-35.

③ 李义天．共同体与政治团结 [M]．北京：社会科学文献出版社，2011：3.

7.3.2 共同体在当代社会何以可能?

齐美尔在《大都会与精神生活》的最后，对于人们的生存境况展开了简述：在 18 世纪的时候，个人试图摆脱原有的‘共同体’的纽带，具有强烈控制性的环境激发了个人对于自由的呼唤——对于个人在其所有社会关系、知性关系中完全自由活动的信念；19 世纪，从纽带中解放出来的个人希望他们自己彼此区分开来，开始追求独特性和不可替代性。这两种形式的个人主义之间相互冲突、纠缠不清。齐美尔认为，大都会为这种冲突和统一冲突的努力提供了空间①。

意大利哲学家马西莫·卡奇亚里(Massimo Cacciari，1944—)对此表达了异议，认为齐美尔的综合“妄图复苏共同体——礼俗社会（Gemeinschaft）——的价值，以便在社会中，也就是在法理社会（Gesellschaft）中重新肯定它；它复苏了那个礼俗社会的个体化自由与平等，并使它们成为这个法理社会的意识形态支柱”“通过把危机的意义重建为对综合的怀旧乡愁”“和过去结成了同盟”②。

前工业时代之人那种神话般的、怀旧乡愁的意识形态，同大都会不再有任何关系，它们不再表现社会当下的意识形态结构，它们不可能再被整合进社会当下的结构中。

也就是说，共同体之所以无法与社会综合，是因为两者的内在逻辑具有根本性的差别——前者是生机勃勃的，在统一的价值取向的基础上，人们保持着个性的自由；而后者是机械僵化的，人们迈着统一的现代性节奏，以效率、货币、资本为追求，所有人被规训为社会发展的零部件。因此，想通过嫁接共同体来缓解社会痛楚的努力注定是徒劳的。

那么，当我们回归到共同体本身所讨论的“人”，剥去共同体本身所具有的那种创造整体和谐的神话力量，而将其视作一种针对局部人群的自我完善的手段——也就是说，不再将共同体与社会视作两种平等的类型，而是仅仅将共同体作为一种群体建构的方法，以“针灸”的方式对社会展开改良，这是否就具有了更大的可行性?

---

①〔德〕齐美尔．桥与门——齐美尔随笔集 [M]. 涯鸿，等译．上海：生活·读书·新知三联书店，1991：277-279.

②〔意〕马西莫·卡奇亚里．建筑与虚无主义：论现代建筑的哲学 [M]. 杨文默，译．南宁：广西人民出版社，2020：16，18.

当视野聚焦于特定群体之后，共同体所要完成的任务，就不再那么遥不可及。在历史上，用社会契约、科学理性、道德、法权来构建整个社群的共同体，都不可避免地存在适用性的问题。不过，正如后来共同体的研究转向“共同体何以可能”那样，我们不一定局限在“何以可能”的方法策略，也可以尝试转向“何以可能”的具体对象问题——毕竟，最早期的共同体也并非普天之下皆为一致，而是在不同的聚落中以共有目标的不同表现形式为依据。以中国为例，尽管早期人们对于天的崇拜以及自然规律的道德化构成统一的共同体概念，但是不同区域的人们却对天有不同的理解和象征，单是图腾，就有金乌、凤凰、龙等不同的表现形式。

所以，与其为全社会寻找他们的共同体，不如从全社会人共有的特征出发，根据人群的划分来建构更小的共同体单元；整体看来，他们依旧是以特定方式构建的完整的共同体。

那么，这种所有人共有的，同时能够根据特征进行区分的特征究竟是什么？那就是基于喜好的栖居（Hobitat[①]）。

一方面，它构成了对社会中固有生活节奏的抵抗，这种抵抗是所有人能够自发产生的抵抗，因为人们在不得不适应现代生活的同时，总是希望通过自己的喜好来保持自身的独特性，并从中获得满足。

另一方面，人们的喜好虽然各有不同，但是却具有类型归纳的可能。比如，一个人喜欢某种特定类型的运动，但是他同样能够对其他类型的相关运动保持一定的接受度。这也就意味着，这种小的共同体单元不必担心爱好的小众化所带来的体量不足问题。

以喜好这一心理利益作为共同体建构的基础，并以当代城市中的住区作为建构的基本单元，我们就能在城市当中塑造出一个个锚固于大地的场所——在这里，人们因为特定心理需求能够得到满足而获得自由感，因为特定心理需求得以满足的有领域感的环境而获得安全感，从而在现代性中获得了抵抗流动并重新栖居的力量。

① 该词为 Hobby（爱好）与 Habitat（栖居）两个词的拼接，指代一种以爱好为基础建立起来的栖居形式。

第8章 走向『主题型住区』

8.1 为何采取“主题”策略

8.1.1 “主题”的有效性

在当代社会，主题型消费成为一种十分有效的运营模式，例如主题公园、主题餐厅、主题酒店等等，它通过创造个性化的体验吸引了大量消费者。主题型消费在本质上是一种“体验经济”的创造，它利用了消费大众存在的对于亲身体验的渴求心理，为其精心设计凝聚“体验价值”的产品和服务，如娱乐因素和文化因素等，并将其以一定的价格卖给消费者[①]。

以主题公园为例，它们往往通过塑造梦幻的人造景观（Constructed Landscape）、结合多媒体技术的概念景观（Conceptualized Landscape），

① 李雪松，司有和，黎浩．主题公园建设的体验消费模型及实施设想 [J]. 城市问题，2008(7)：48-52.

② 杨慧，施海涛．人造、技术、消费与超现实景观：以迪斯尼主题公园为例 [J]. 广西民族大学学报（哲学社会科学版），2011，33(3)：21-26.

以及诱导消费的文化符号所承载的意识景观(Ideational Landscape)为一体[2]，从多方位、多角度使所有在场的参观者进入虚幻与现实交织的景观社会，国际上的迪士尼乐园（Disneyland）和环球影城（Universal Studios）就是最为典型且成功的案例，而在国内，诸如世界之窗、华侨城、恐龙园、海昌极地海洋公园等等，都取得了不错的成效。

许多研究表明，主题公园能满足游客的文化旅游体验需求、增加就业、提升城市形象和促进区域产业经济发展，已成为助推城市转型和旅游业创新发展的重要业态[1]。因此，以“主题”作为推动特定类型经济发展的方式是具有一定可行性的。

住宅的购买虽然并不属于“体验消费”，但是住宅的使用却是与“体验”紧密相关的。在地产行业发展的火热期，开发商对于住宅的居住体验问题的关注是十分薄弱的，因为住宅的金融属性占据了更为重要的地位；然而，随着房地产市场的“退烧”，以及国家政策中对于“房子是用来住的，不是用来炒的”这一理念的强调，使得住宅开发和设计单位“不得不”更多转向住宅的本体属性——居住。在这一过程中，有关体验的问题就必然会被重新纳入考虑的范畴。

8.1.2 “主题”的可行性

那么，居住的体验是否需要主题？这一问题可以换一种表述方式，即我们每个人是否都对一种能令我们自己感觉舒适、感觉快乐、感觉幸福的生活方式有所想象？

答案是必然的，因为人们的生活不仅仅只是为了满足生存的基本要求，还需要恰当地安置我们自己的精神和心灵。有人喜欢恬静的田园生活，有人喜欢灯红酒绿的繁华；有人热爱挥洒汗水的运动，有人喜欢在虚拟网络中肆意畅游；有人喜欢现实的社交，有人更愿意处在二次元的世界；有人爱与宠物互动，有人喜欢花花草草……

① 罗忠恒，程乾，林美珍．中国主题公园时空发展格局及影响因素[J]．地理与地理信息科学，2022，38(6)：135-142.

每个人都有自己理想中的生活方式，但每个人并不孤独，因为总有怀抱相同或类似想象的人与你处在同一城市之中；并且每一种人群的数量都是相当可观的，足以形成足够体量及数量的居住小区。以养宠人群为例，根据 Mob 研究院联合库润数据发布的《2022 年中国宠物消费洞察报告》，江苏省的养宠人群占全省人口的 11.4%。那么，以南京市 2023 年常住人口 954.7 万估算，仅仅在南京市内就有超过 108.8 万养宠人。另据报告统计，中国养宠人群中，25 ~ 34 周岁的人群占比为 50.2%，同时这一人群也是购房的主力军，也就是说，南京有 54.6 万宠物爱好者具有潜在的购房需求。以一个住宅小区容纳 1.2 万人[①]计算，南京至少需要新建 45 个宠物友好的住区，才能满足这一群体的需要。因此，这种围绕特定主题展开设计的住区，是存在市场需求的。

这便是“主题型住区”，通过心理利益共同体的重塑，来为不同的群体塑造属于他们、适合他们的居住空间。

① 根据《城市居住区规划设计标准》（GB 20180-2018），五分钟生活圈居住区（居住小区）的定义为：以居民步行五分钟可满足其基本生活需求为原则划分的居住区范围；一般由支路及以上级城市道路或用地边界线所围合，居住人口规模为 5 000 ~ 12 000 人（1 500 ~ 4 000 套住宅），配套社区服务设施的地区。步行距离 300 米。

8.2 主题型住区的设计原则

8.2.1 住区与主题结合的紧密性

住区具有特定的主题，并不只是常规住区与特定主题景观的简单组合。在主题公园发展的过程中就出现过这种状况，即借助主题公园的建设来开发房地产，此时的住区往往只是借用了主题公园的名号或者景观，住区内部则与一般的住区并无二致。这虽然也是一种互相带动的开发模式，但是住区本身并没有贯彻主题的思想，也没有将人们的生活纳入这一主题中去。

我们设想的主题型住区，应该是特定主题与居住建筑的紧密融合。这一方面要考虑到主题所承载的活动方式以及相应的物理环境需求，同时还要尽量将这些需求与居住建筑本就必需的要素结合起来，从而避免主题要素的单纯附加。

8.2.2 主题型住区的包容性

当住区具有特定的主题之后，它的空间设计就具有了极强的针对性；也就是说，住区本身服务的对象变得相对狭窄了。所以，在此基础上，我们应适当关注住区的包容性，从而更好地提升住区的使用品质。

1. 类型的包容性

每个人对于自身理想生活的想象，即便属于相同的类型，也会存在一些细微的差别，因此住区采取的主题必须具有一定的包容性。例如，以运动为主题的住区不能局限于某种特定的体育运动，而要兼顾不同运动爱好者的需要，并为不同类型的运动设置合适的景观和场所；而以宠物友好为主题的住区，也要兼顾到不同类型的宠物的不同需要，比如狗需要充足的遛弯空间，而猫更注重领域感以及对丰富外部世界的窥视……

2. 人群的包容性

这种主题型住区虽然是为特定人群的理想生活服务的，但是这并不意味着这个住区不会有其他人群的出现，诸如探亲访友、家装服务等等，因此住区的设计还需要考虑到其他人群便捷无碍到达住户居所的需要。例如，在宠物友好住区中，我们需要关注到外来者在一定程度上对于特定宠物的抗拒，以及诸如生病或者带小孩的情况下希望避免与宠物接触而直接回家的需求，因此需要考虑正常归家动线与携带宠物动线之间的适当分离。

3. 年龄段的包容性

对于特定理想生活的想象，在很大程度上是与年龄无关的，所以对于主题型住区的设计必须兼顾不同年龄段的需要。那么，“适老化”与“适幼化”这两种不同的考虑都必须被纳入考量，意即“全龄化”。

4. 阶层的包容性

在过往的地产开发中，人们关注的人群往往是以阶层为划分的，例如在良好的区位环境中，往往优先考虑豪宅或是高端改善类住房，对应的人群都是精英阶层；而无产和中产阶层要么居于市中心的“老破小”，要么住在相对偏远的地区。而住区内部的人，虽然处于同一阶层，但是相互之间往往缺乏共同的兴趣点，因而缺少交流的契机。

因此，在主题型住区中，我们应该适当减弱自住宅市场化以来对于阶层划分的固有认识，为拥有相同理想生活的人而设计，无论其处于什么阶层。当然，在住区内部的具体设计中，我们还是要考虑到不同产品之间的差异性，以保证房屋价值与其相应品质的匹配，并且不同阶层的住房也可以考虑流线的适当分离，并提供整合的机会。

8.3 主题型住区的教学设计实践

前文提供了一种未来住宅发展的主题型思路，不过，这种思路是否真的能够实现住宅设计的多样化以及对人的情感体验的观照，同时是否与住宅设计的逻辑相一致，还需要实践的进一步检验。

然而，由于地产开发是一个耗资巨大、无法承担设计风险的行业，因此难以在实际的项目中展开设计检验。因此，笔者试图通过课程设计来辅助研究工作的展开①。

8.3.1 “现世桃花源”教学课程设计

由以上两个要点看来，本书讨论的桃花源便是统合这些不同主题的一个非常恰当的选择，因为桃花源作为一个文化概念，可以贯彻于住区的户外和户内空间，而不必拘于其中一部分；并且桃花源作为一种空间范式已经摆脱具体主题的限制，因而我们当下对其展开的再思考和重新演绎，就不必局限于特定的生活模式或是形式化的空间转化，在具体的手法上更无需再拘泥于桃花、山洞、田园等原初形象中所包含的要素。重点在于对桃花源所代表的自然空间范式，如何在当代语境下展开再阐释。

这些以特定主题为核心展开的住区设计，我们可以统称为“桃花源”，或者更准确地说，是“现世桃花源”。

由于我们不再拘泥于初始桃花源的理想生活模式，因此在理论上，桃花源的空间范式可以应用于任何尺度、任何规模的居住空间。不过，为了与当下的城市建设条件相契合，同时也为了最大限度地聚集特定城市或区域中有相应居住理想的人群，本课程设计选址位于城市核心区，并将基地面积控制在 5 hm^2

---

① 此次课程的设计和教学指导工作由杨靖和傅文武共同完成。课题组学生共 9 人，包括：肖敏荣、彭思翔、程司祺、郭玘玥、李小丫、吴芷婧、陈凯璐、林志鹏、李甲源。有关介绍性内容可参见：杨靖，傅文武．高密度城市住区品质提升的共同体营造策略研究——以“现世桃花源”主题型住区课程设计教学为例[J]．世界建筑导报，2023，38(4)：35-40.

之内，容积率为 2.5 左右，这种较小地块的高密度住区是当代城市住宅建设的常态。

整个设计课程分为四个阶段展开（图 8-1）：

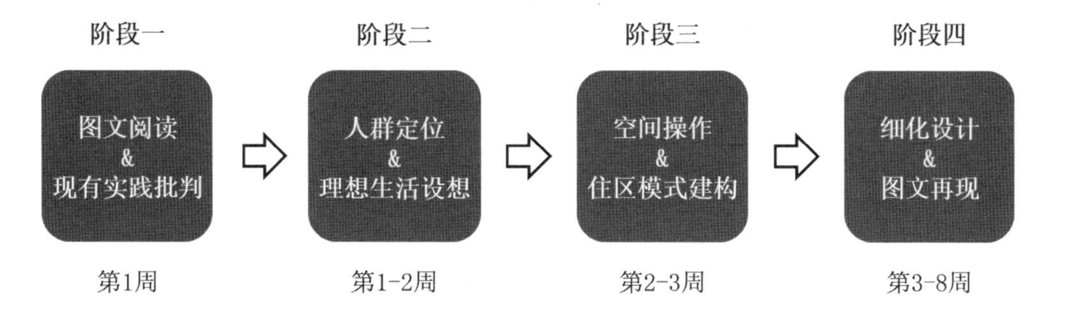

图 8-1　课程教学阶段设计（作者自绘）

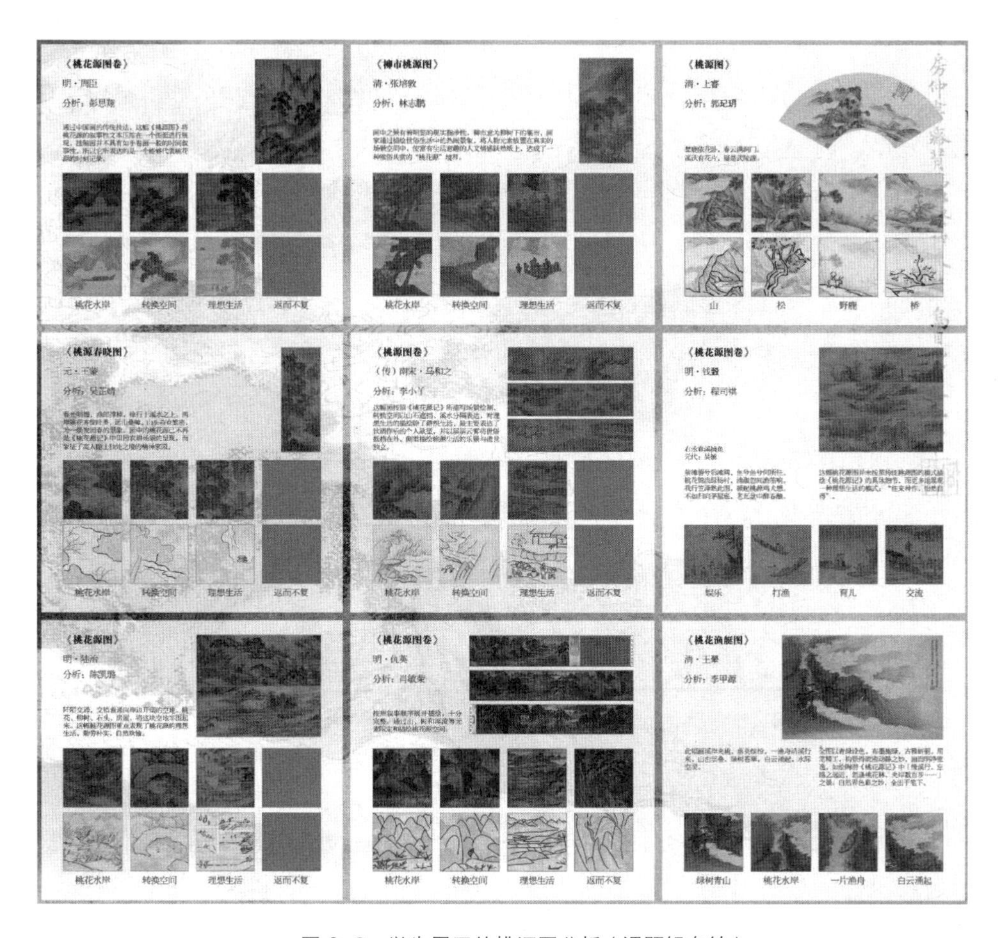

图 8-2　学生展开的桃源图分析（课题组自绘）

1. 图文阅读与现有实践批判

由于学生以及其他未对桃花源展开深入研究的学者们对于桃花源的理解存在片面化的倾向，因此在课程开始阶段通过讲座的方式让学生了解桃花源背后的深层内涵是十分必要的；同时，学生们也需要通过亲自对与桃花源相关的图绘和文学作品展开解读（图 8-2），来加深对此的理解。另一方面，学生也可以各自选择与“桃花源”相关的当代建筑 / 艺术实践项目，或是与“空间转换”“自然”等问题相关的建筑设计案例来展开具体分析，从而为后期的设计提供一定的参考;

2. 人群定位与理想生活设想

由于桃花源总是针对特定人群的自由理想而被建构起来的，因此选择一个特定的居住群体是整个设计的基础。为了激发学生自身对理想生活的想象和共鸣，我们让学生根据自身兴趣展开自由选择，并根据对未来成果的想象而做出适当调整以及分组，最终设想的人群包括运动、养宠、艺术、园艺、非遗手工等的爱好者，甚至还有学生选择了二次元群体。从对这些不同群体的理想生活的想象开始，设计得以展开。

3. 空间操作与住区模式建构

根据对理想生活的想象，建构出对应的理想住区组织模式，在这一过程中要重点思考与“中”之顺化相关的问题，即内外空间如何设计并组织以及如何采用一种自然的、具有仪式感的方式来实现内外的转换。当然，内和外在此包含多个层面的内容，其中既有住区与城市的内外关系，也有住区内部的公共空间与私密空间之间的关系。

4. 细化设计与图文再现

对理想住区的组织模式展开总图布局、户型与公共空间、立面等层面的具体细化，而这一过程总是伴随着对内部理想生活场景的设想，这种设想理应带有一定的叙事性，从而在最终表现中能够将建筑场景转化为一个小说形式的空间叙事以及故事定格的海报，最终将方案以超越实体性存在的方式留存下来，进而与桃花源藉由实体的消失而建构起来的永恒的“无”形成呼应。当然，出于具体设计表现的需要，具体的建筑设计图纸也是必不可少的。

8.3.2 主题型住区设计成果展示

1. 动在廊庭：运动爱好者的“现世桃花源”（图 8-3）

设计者：肖敏荣

图 8-3 “动在廊庭”海报设计（肖敏荣绘）

作为一名羽毛球爱好者，肖敏荣同学将运动爱好者视为自己设计的针对人群。他以自己的运动经历和需求为基础，为运动爱好者设计了一个满足他们多元需求的“现世桃花源”。

（1）运动爱好者的“自由”理想

在当代住区中，尽管在公共空间常常也会设置部分运动设施，但是设施的种类往往比较单一，而且容易受到天气条件的影响。同时，这些设施由于具有一定的噪音，因此往往被住区设计者预设为不良因素而被设置在相对偏僻的角落，从而使得运动场地一方面距离居住空间较远，另一方面也使得它缺乏被人们观看从而聚集人气的机会。

而对于运动爱好者来说，他们的理想住区应当是一个能够满足多样化、全天候运动需求的场所。同时，运动空间与居住空间应当保持一定的联系，从而方便活动的发生和展示，以促进住区居民相互之间的交流。这些条件的实现应当尽量利用建筑本身的形体关系来塑造完成，以使住区和主题的联系更为紧密。

以这种理想的生活模式为基础，肖同学形成了整个住区空间模式的设想：首先，可以通过建筑体块的退台错动来塑造大面积、多尺度的灰空间，从而避免活动受到恶劣天气的干扰；其次，整体的空间布局应当采用围合的形式，从而将中部的活动空间塑造成一个完全被看的空间，提升活动空间的积极性与互动性；再次，要充分利用走廊、墙面、楼梯、结构转换层等空间来塑造立体的、不同形式的活动空间。

最终，整个住栋呈现出低层退台、整体三面围合的形式，塑造出一个运动爱好者梦想中的包含多种运动功能的自我领域（图 8-4）。

（2）运动主题住区的“中”之顺化

为了实现这一特殊的空间形式，肖同学咨询了建筑结构方向的研究生，设计了符合这一建筑形式需要的整体性桁架，同时，根据结构稳定性的需要，在北侧增加了中部和上部两处横向拉结的桁架结构。

其中，中部连接桁架由于其处在上下体量的交接区域，能够与架空层的公共活动功能形成互动，因此被安排作为健身房空间。这一体量与解决垂直交通的楼梯间一起，在北侧形成一个尺度宏大、宛如巴黎“德方斯大门”（La

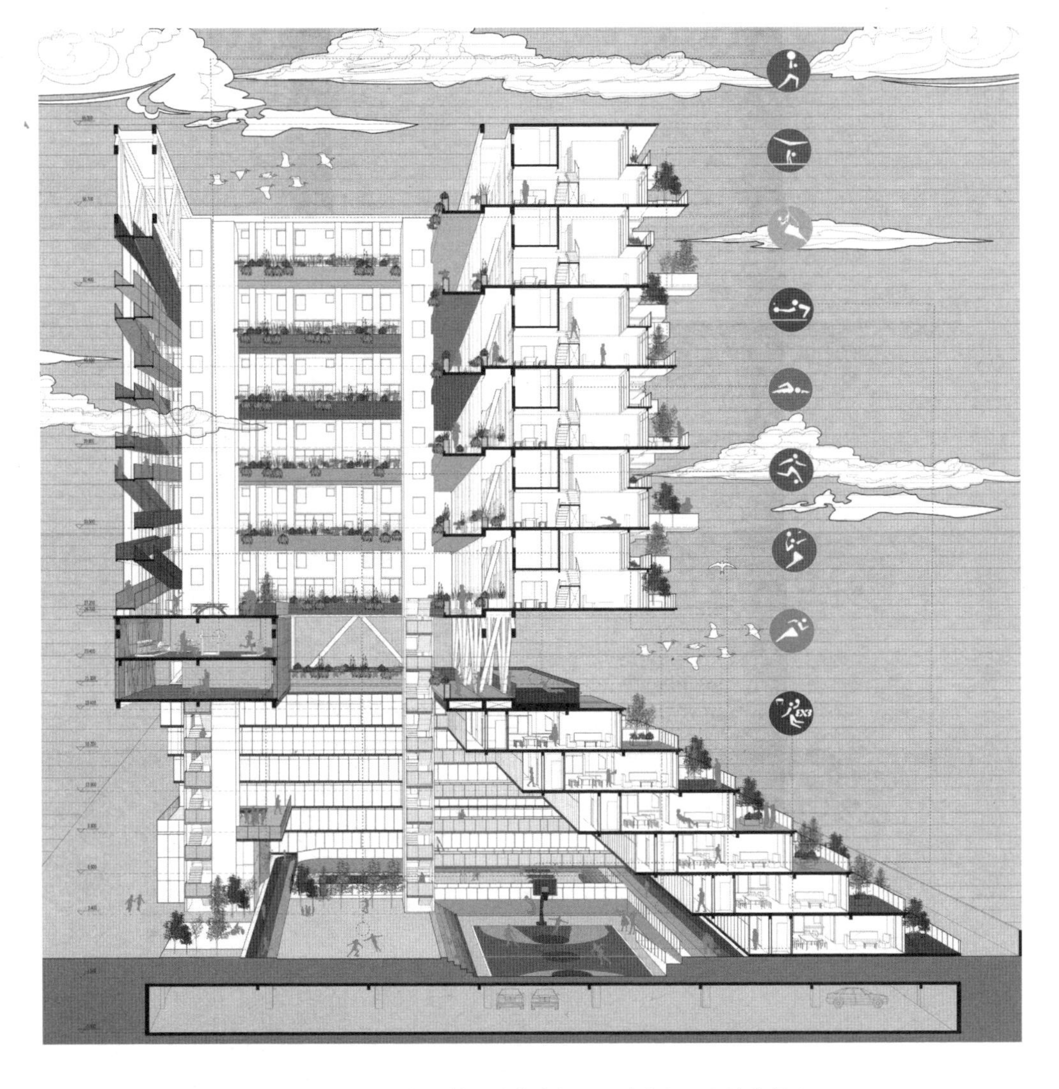

图 8-4 住区内部立体、丰富多样的运动空间（肖敏荣绘）

Grande Archedela Défense，1990 年）的门户空间（图 8-5）。当人们从外部城市来到住区，这一尺度宏大的门户，提醒了人们一个特殊场所的存在，同时其收窄的窗口，使人们只能看到住区里的局部，从而赋予了住区以一定的神秘感。当人们穿越这个门户，进入住栋围合的内部广场，就宛如进入了金字塔内部。在这里，露天的飞盘运动场地，以及被建筑遮盖的篮球场、羽毛球场、乒乓球场、半场足球、跑道、攀岩墙等等设施，目不暇接，男女老少可根据自己的喜好展开休闲运动，欢笑与欢呼声不绝于耳……这个门户空间，本身是基于结构的需求而形成的，但它同时构成了一个巧妙的转化空间，分隔了内外世界，这种操作便是一种自然而然的操作，是“顺化”的操作。

另外，上部的连接桁架则通过向下悬吊坡道，将不同楼层的走廊以缓坡连接起来，从而结合住栋的走廊，形成了连续的跑道空间，为高层区的人们提供了便捷的活动场所。这些坡道的出现，同时还填充了建筑北立面的空缺，从而让门户空间以负形的形式更加凸显出来（图 8-5）。

图 8-5　北侧门户空间与结构的统一（肖敏荣绘）

（3）运动主题住区中的空间叙事

丰富的空间体验为多层次的人际互动提供了契机，因此肖同学设想了一位运动受伤的主人公在住栋中实现的治愈之旅。正是有这样丰富多样的、全天候的运动空间存在，才使得更多的交流活动得以发生，这个以运动为核心的心理利益共同体才能得以实现。

动在廊庭

肖敏荣

小优最近很倒霉，几周前打球不小心受伤，韧带断裂，刚刚从医院回到社区，郁郁寡欢。

由于只能坐轮椅，出入不便，于是小优便天天在家里躺着，妈妈看不下去，建议她出去走走。

小优于是坐在轮椅上顺着高层跑道散心，不时看到人们从身边走过，看到其他人都有着健康的身体，刚刚恢复一点的心情又沉了下去。小优正想着自己的腿时，浇花的王阿姨看见了小优，王阿姨是小优之前的球友，看到小优坐在轮椅上，忙来询问，得知小优的不开心后，王阿姨用自己之前受伤并康复的经历鼓励小优。听完王阿姨的经历，小优若有所思。夏天的天说变就变，大雨来袭，小优也没了转悠的心思，准备顺着廊道回家。这时，突然看到楼下的运动场上大家正运动得热火朝天，小优有些心痒，想去看看久违的运动场。球场上，社区的月度球赛正在举行，比赛异常激烈，尽管比分相差较大，弱势的一方仍在尽全力争夺，小优被这种不服输的精神所感染。看完球赛，小优心里的阴霾一扫而空。

此时雨也停了，小优决定去健身房做一些上肢锻炼。来到六楼架空层，太阳已近落山，一道彩虹贯彻天空，泳池波光粼粼……

小优望着彩虹，想着：明天也要继续散步……

（4）设计点评

肖敏荣同学的设计将功能、空间、结构、形式等问题，基于运动爱好者的需求展开了综合性的考量，最终呈现的效果十分出色，获得了答辩评委的一致认可。在以下方面，可以做进一步提升：

① 住区的上下两部分所容纳的户型大小可以拉开差距，因为下部户型每一家都拥有大露台，且与各种运动设施的距离也更近，更方便欣赏活动的展开，因此品质相对较高；而上部户型可以减小面积段，从而使经济水平不是很高的运动爱好者也有机会居住在这里。甚至，可以将一些日照条件较差的区域作为租赁式住宅或公寓，满足多元群体的需要；

② 整个设计中，对于转角空间的利用可以再进一步斟酌，现有的设计中大部分作为每层的体育活动空间，显得过于“奢侈”，可以考虑植入部分变异户型的设计，以提升住宅平面的使用效率。

2. 共生：养宠人群的“现世桃花源”（图 8-6）

设计者：彭思翔、程司祺

图 8-6 “共生”海报设计（彭思翔、程司祺绘）

程司祺同学家中有一位特殊的成员，它是一条柯基犬。作为一个居住在常规住区的养宠家庭，他们深刻感受到了常规住区中的诸多不便。于是，程同学以这些养宠家庭时常遭遇的问题为基础，对他们的理想生活展开了设想，并与彭思翔同学一起合作展开了养宠人群的“现世桃花源”设计。

（1）养宠人群的“自由”理想

在现有的城市住区中，对于宠物的考虑至多只会在公共区域设置集便箱，然而这对于养宠人群来说是远远不够的。

通过分析发现，居住空间对于宠物友好考虑得不周主要体现在三个层面：首先，在户型层面并未考虑人和宠物不同尺度的差异；其次，住区内部缺乏宠物设施，这有时会导致人宠纠纷，并且在恶劣天气中难以满足日常的遛狗活动需要；最后，住区通常也缺乏具有城市性的宠物服务设施。

针对这些问题，他们设想了理想的养宠人群生活模式。首先，在户型当中，需要设置人宠共用且在特殊情况下能单独供宠物使用的空间，从而满足不同情况下的需要，在对外的界面上通过不同标高的开窗来实现人和宠物与外部的视线交流；另一方面，在室内通过回游空间的塑造，为人与宠物的互动提供了更多机会。其次，结合北侧的疏散通道，设置了一些空中坡道和庭院，以满足全天候的遛狗需求，并增加立体的宠物 / 养宠人群交流场所。最后，在底部设置宠物医院、宠物俱乐部、宠物公园等等，从而完善住区配套、增加住区与外部的交流。

除此之外，针对不同类型的宠物，他们还根据其生活特性，在户型设计中强调了不同层面的问题。例如，猫喜欢垂直跳跃的活动以及在高处俯瞰事物，所以户型利用了楼梯间的通高以及错层的处理来适应猫的活动，同时保证其安全性（图 8-7）；狗则更喜欢巡回的跑动，所以通过在户内设置洄游空间来满足它们的需要（图 8-8）；而鸟类对自然环境的要求更高，所以通过转角户型阳台的放大来为鸟类和植物提供更大、更舒适的空间……

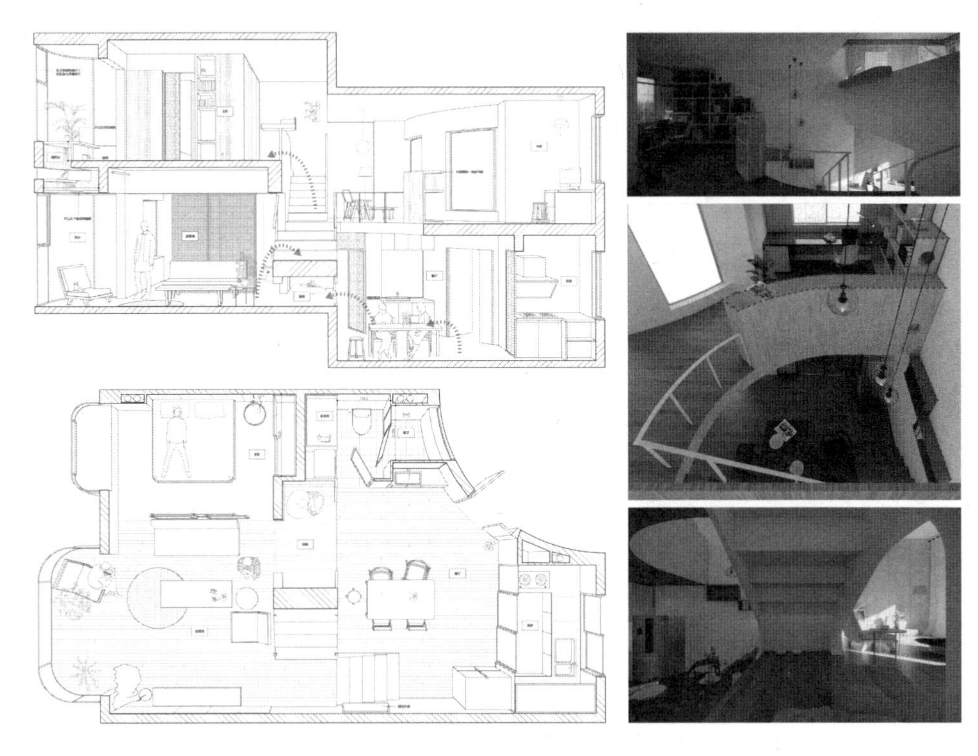

图 8-7　养猫之家设计（彭思翔绘）

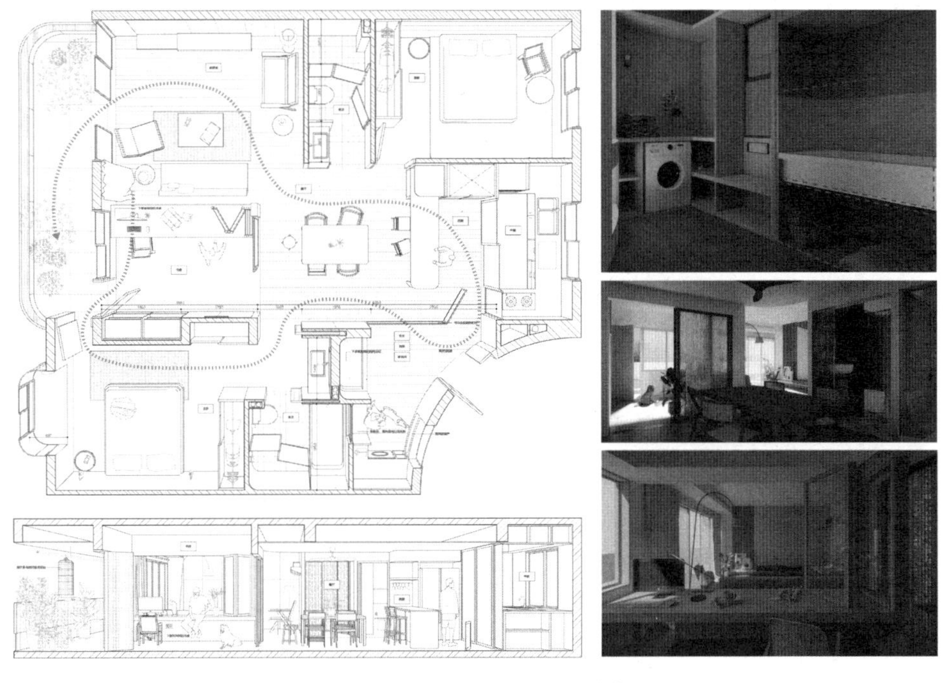

图 8-8　养犬之家设计（程司祺绘）

（2）宠物主题住区的“中”之顺化

为了将这些不同层次的想法统合起来，他们采用方与圆的不同交接方式来建构不同的内外关系。

在住栋层级上，方作为生活性空间，圆作为交流性空间，两者关系的交叉形成了诸多不同层面的关系。例如，方形的户型与圆形的入户庭院相交，从而塑造出三户围合的小型公共空间，三户人家的狗狗房都围绕着入户庭院布置，使得人们即使不在家，宠物之间也能实现相互之间有选择的交流，而主人回到家后，也能第一时间获得宠物的抚慰。总之，通过楼梯间、入户庭院和立体坡道等不同功能定位的圆形与方形户型及功能空间的交接关系，实现了空间转换的丰富性与多样性（图 8-9）。

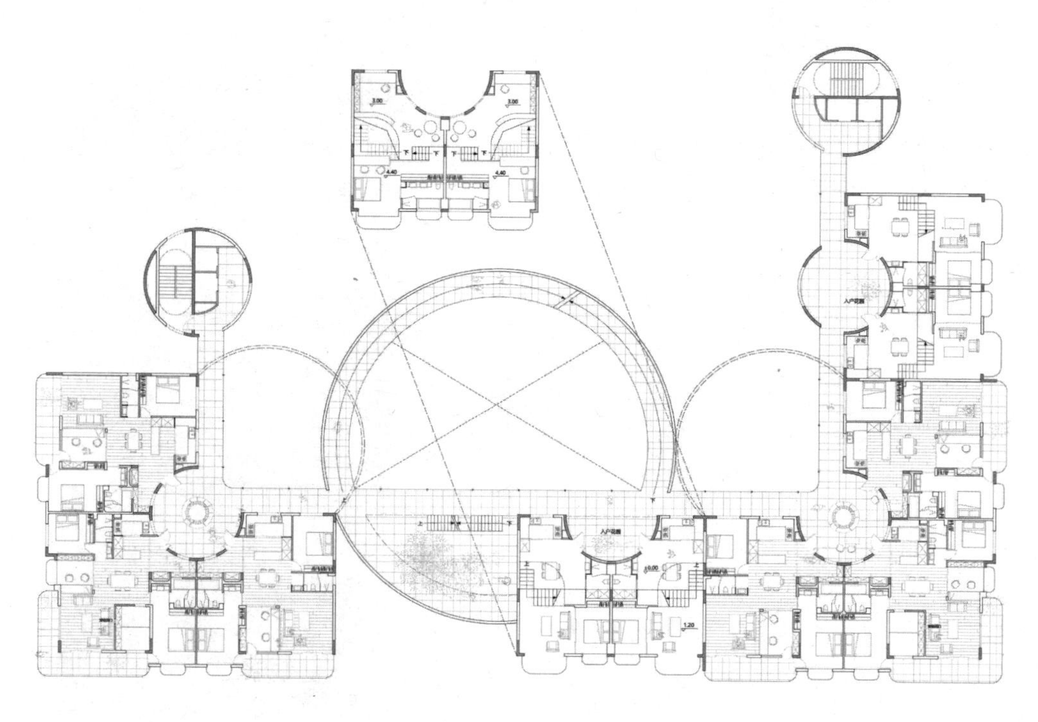

图 8-9　平面中的方圆组合及空间转化（彭思翔、程司祺绘）

在城市层级上，底层的方作为城市服务性空间，圆作为开放活动空间，而圆本身同时也起到了引导住区内外沟通的作用。而为了进一步实现底层与高层不同的方圆组织关系，在结构设计上，以圆形筒为支撑架起顶部桁架，并向下悬吊圆形坡道，从而避免底层出现大量柱体（图 8-10）。

在建筑立面上，方与圆也同样发挥着作用。透过建筑立面，我们能够通过体量形式清楚地辨析服务空间与被服务空间；并且建筑立面的开窗也同时考虑到了人和宠物的视野。

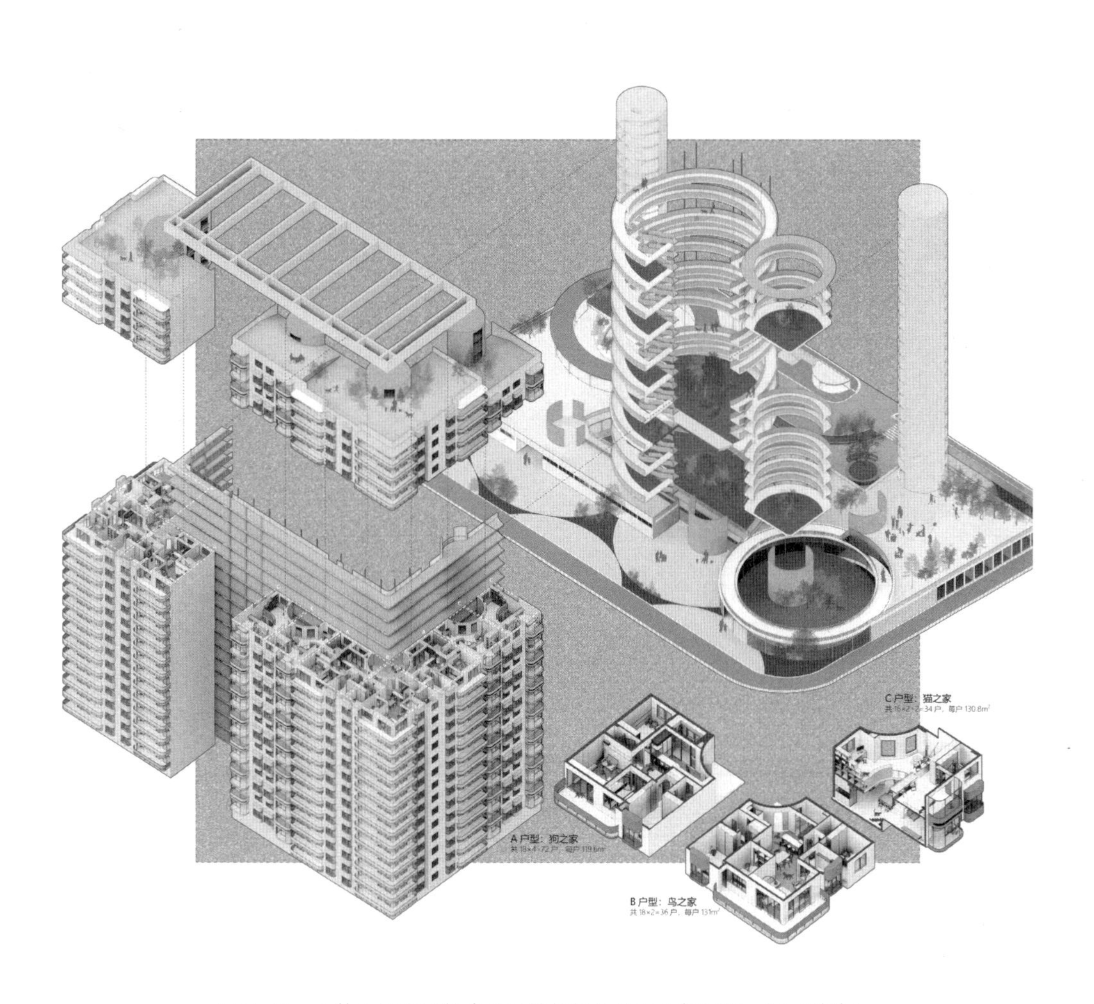

图 8-10　立体上的方圆组合以及结构组织关系（彭思翔、程司祺绘）

（3）宠物主题住区中的空间叙事

正是有了多层面的对于养宠家庭理想生活的设想以及相应的空间实现，这组同学才能从一条宠物犬的视角来体察到这个住区共同体对于人和宠物的深刻关切。他们书写的故事带有一丝童话意味，同时让人联想到电影《一条狗的使命》以及《忠犬八公》所具有的叙事力量。此类住区的生活模式也有希望随着媒体的推广而成为未来人们构建养宠人群理想生活住区的基础，进而摆脱具体的实体性设计，成为被不断言说的对象。

旺财的故事

程司祺、彭思翔

梅雨季，持续不断的阴雨天气是旺财最厌恶的，因为每到这个时候，说服主人出门总需要使出浑身解数。然而今天旺财的主人却反常地在雨天带着旺财出了门。

雨下得并不小，甚至掩盖了往日街边的鸟语，这本是旺财每天最期待的时光——与每一只遇见的小鸟玩耍，尽管小鸟总会在旺财冲过去的时候迅速飞上树梢，但旺财仍然愿意与它们玩耍。同样作为城市动物，旺财最羡慕鸟类的自由，它们的世界没有牵引绳的限制。

转过街角，主人带着旺财来到一处庭院避雨，几只灰喜鹊正在廊下吵闹。旺财正要上前，阵阵翅膀翻飞，灰喜鹊敏捷地离去，只留下淡淡余味。雨声渐响，主人只好带旺财在廊下前行。不知不觉中，廊外的地面变得干爽，几朵毛茸茸的野菊吸引了旺财的注意，嗅闻着花朵的芬芳，它并没有注意到主人悄悄松开了牵引绳，只是沉浸在新环境的奇妙味道中。

旺财能感受到这处庭院的不同，植物的气息中混杂着许多不同动物的味道，旺财沿着边界仔细嗅探每一丝气息，它能识别出雨燕与灰喜鹊，也能感知到其余同类的气息。廊道突然出现的洞口正是同类气息的来源，四处观望后，旺财悄悄把头伸进洞口，却惊奇地发现主人不知何时到了洞口的另一侧。

随着主人的呼喊，旺财穿越洞口来到了廊外，这是另一个全新的庭院，旺财又一次开始探索。庭院边藤蔓后，喜鹊正梳理着潮湿的羽毛。旺财发现自己已经到了树梢的高度，从未与喜鹊朋友们这么亲近过，它凑到藤蔓跟前仔细观察着鸟儿的一举一动。沿着庭院边界，旺财发现了数处鸟窝，正当它回头想要分享这个好消息时，却发现主人正抚摸着另一只小棕狗。

旺财嫉妒地环绕着毛茸茸的小棕狗，警惕地观察，但小棕狗却躺在地上露出了肚皮示好，很快旺财便放下了戒备，他们一起品尝了小喷泉的味道，又一起探索了沙坑里的宝藏，回过神来时，旺财正津津有味地吃着小棕狗主人分享的骨头饼干。

“旺财！”

熟悉的呼喊使它恋恋不舍地与新朋友道别，快步跑向主人身边，却发现主人正站在云朵边。雨滴飘在旺财的身旁，却并没有打湿主人的鞋子，旺财心想，这是自己度过的最棒的雨天。

旺财入住新家后最爱的就是自己独自在家的时间，每个送走主人的早上，他都会钻进卧室，悄悄把主人的袜子藏到自己的阳光房，这是只有自己能进入的小角落。沐浴在温暖的阳光下，浑身的毛都舒展开来，高楼边的鸟群飞了一圈又一圈，旺财也缓缓进入了睡眠。

一阵狗吠突然惊醒了旺财，他来到门边，从小洞口与隔壁的小白狗打了个招呼，惊喜地发现主人的脚步渐渐近了。在门被打开的瞬间，旺财便冲上前去，拼命地摇动起尾巴表现着欢迎。叼着主人的裤脚，旺财示意要玩自己最爱的追逐游戏，在这一瞬间，家成了游乐园，旺财自由奔跑的乐园。墙间的洞口是他的秘密通道，小小的洞口只有狗能通过。

深夜，旺财调整到最舒服的睡姿，躺在窝里通过小洞望向庭院，发现小白狗正在院子里自由地奔跑，旺财想，明天一定要主人带自己去坡道和小白一较高下，他要证明自己才是全小区跑得最快、最威风的狗。

（4）设计点评

在当代住区中，养宠人群确实占到特别大的比例，而现有住区设计对于他们的关注是十分薄弱的。这个设计对这一痛点问题展开了回应，具有很大的现实意义。有几点可以做进一步地深入探讨：

① 该设计针对不同类型的养宠人群设计了不同类型的户型，而不同户型的面积段也是有大小区分的。不过，在现实情况中，养狗人群的购房实力也是存在差别的，需要有大户型和小户型来回应他们的需求。因此，与其根据不同宠物设计不同户型，还不如在单一户型中综合考虑不同类型宠物的需要，并通过面积段的差别来满足不同养宠人群的不同居住需求。

② 现有住栋北侧悬挂的圆形遛狗通道，功能性较为单一，并且结构成本较大，在现实中实施的可能性较小。因此，可以适当考虑将遛狗功能与住栋的走廊复合设计，但这同时要考虑到遛狗流线与平时归家动线之间的适当分离，从而避免相互之间的干扰。

3. "∞"：艺术爱好者的"现世桃花源"（图 8-11）

设计者：李小丫、郭玘玥

图 8-11 "∞"海报设计（李小丫、郭玘玥绘）

郭玘玥和李小丫同学将视野聚焦于艺术爱好者及相关从业者。住区如何容纳艺术？住区如何成为艺术？这些问题决定了艺术爱好者是否会选择这一住区成为他们的“现世桃花源”。

（1）艺术爱好者的“自由”理想

与艺术相关联的居住人群，既包括艺术从业者，也包括艺术爱好者，这两类人群在艺术理想的发展上是相互促进的，因而一个以艺术为主题的住区需要同时包容这两类人群。

对于艺术从业者来说，工作室与居住空间的分离要求有两份的租金支出，这增加了他们的生活压力，因此如何考虑居住空间与艺术工作空间的结合，并且设置能够让他们将艺术转化为收益的场所，是住区设计不可回避的问题；而对于艺术爱好者而言，他们的居住场所往往是相分离的，因而缺乏交流的机会，对于他们来说，观展以及自我艺术的展示是他们生活不可缺少的部分，同时，由于这些人群的审美取向存在极大的差异性，因此户型设计要留有更多余地来满足多样化使用、多元化的审美需要。除此之外，也有一些艺术类型可能会存在部分扰民问题，例如摇滚艺术、涂鸦艺术等等，他们一方面需要相对私人化的练习场所，另一方面也需要相对集中的交流空间来承载这些功能。

在具体的设计中，郭同学和李同学主要通过三个措施来实现这些目标。首先，通过设置一个“∞”形的艺术长廊，为城市人群和住户提供一个交流的场所（图 8-12），并且将住区围合的公共空间打造为向城市打开的、充满艺术感的大地景观公园，提升住区的艺术氛围；其次，将住栋的垂直交通核丰富化为“艺术之塔”，作为住区内艺术家和艺术爱好者之间的交流空间；最后，在户型层面，考虑到艺术爱好者和从业者对于居住空间内部常常会有非常个性化的设想，为了尽量满足更多的布局可能性，学生在设计的时候通过“X”形的体量组合，固定卫生间、厨房烟道等服务性空间的位置，从而保证空间的自由灵活划分（图 8-13）；“X”形的端头就是一个个内外交流的窗口，是艺术人群展示自我的生活舞台。

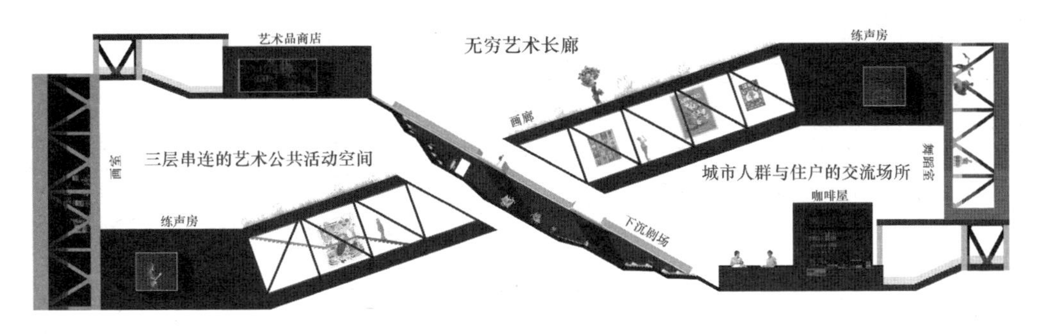

图 8-12 “∞”形的艺术长廊（李小丫、郭玘玥绘）

图 8-13 可变户型设计（李小丫、郭玘玥绘）

（2）艺术主题住区的“中”之顺化

住区的整体形式，在很大程度上呈现出了类似远处桃花源的围合形态，这是因为她们意图通过这样一种形式来构建一个区别于外部繁杂城市空间的艺术世界。但是，她们同时又希望这个住区不是完全与外部隔绝的，于是又将底部架空，并通过置入大地艺术公园、商业、“∞”形展廊、艺术之塔等功能，来实现与城市人群的互动（图 8-14）。由此，整个住区就与城市形成了既分又合的关系。

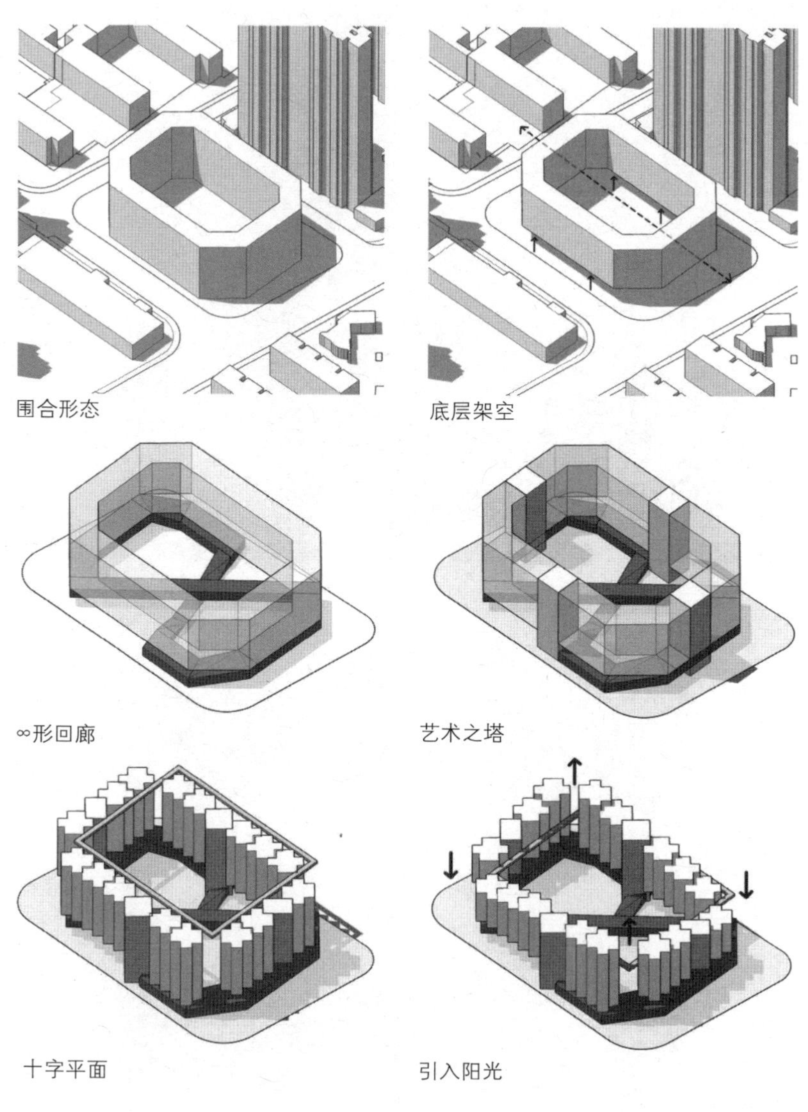

图 8-14　理想艺术住区与城市的关系（李小丫、郭玘玥绘）

在这个设计中，住区与城市的转化空间被泛化为一个大尺度的“空间氛围”。在人们穿越建筑的底层，进入住区开放空间的过程中，艺术化的空间以及各种艺术展品就已经提供了许多超越现实的想象。城市人群可以沉浸于这些想象，而住区的居民也在经过这些想象之后，进入自己充满艺术氛围的家中。所以，这种转化是潜移默化的。

（3）艺术主题住区中的空间叙事

正是因为有了多个层次的艺术考量，才使得建筑本身成为容纳不确定性的场所。

在开放的大地艺术公园中，艺术家可以尽情展示自己的作品，往来的既有周边的居民，也有专程赶来参观学习的学生；一些对环境要求更为苛刻的作品则被放置在艺术长廊之中；艺术之塔容纳了小型的艺术工作室，也是艺术家和艺术爱好者们展开学术交流的场所……

艺术往往会通过多样的媒介而获得广泛传播，而不仅仅局限于文字。这样一种对艺术爱好者友好的住区设计，也必然会逐渐发展为一种模式，对未来的理想艺术住区建设提供参考。

三 幅 画

李小丫、郭玘玥

1

我们三幅画出生在一个小小的工作室里。

与其说是工作室，其实就是一个堆满了画材和颜料的起居室，站在废纸之中的画家似乎对此也很抱歉。我们互相看了看，A是画家随心所欲画下的，我是B，一幅适合装饰在家里的花卉画，C是，画家叹了口气，“大家都喜欢的那种”艺术画。

不过，我们仨并无所谓自己属于什么类型，毕竟画我们的笔都在同一个水桶里梳洗，我们仨生来就是好朋友呀。A喋喋不休地想要聊聊未来，他只愿意去一个收藏家的画廊里呆着，尽管刚刚离开的那个收藏家对它颇有微词。我毫不怀疑自己会去一家艺术品商店。C呢，他说哪都可以："可能我根本不会去哪里，哪天掉到地上那堆垃圾里之后，那个家伙就会把我给忘了。"

他叫画家为"那个家伙"。

2

好在我们都是幸运的。在某个阳光明媚的早晨，我们被放到一个小推车上推出了工作室。"我应该正在去往一个有眼光的收藏者家里的路上"，A很快乐，他喜欢把事情想得太好。我和C靠在把手上，和那个家伙并肩而立。

我们离开了凌乱的起居室，进入走廊，一路上经过一个个富有创意的人家，他们或是种了奇特的植物，或是开了特色的咖啡屋，有的直接将自己刚成型的雕塑摆在凹进的角落，那尊俊美的胴体，在与我对视时发出了一声轻蔑的冷笑。"哎呀呀……"我还想和他争论一番，小推车就已经把我带远了。

我们来到了地下室的策展办公室，C被他们一眼相中，毕竟他是大家都喜欢的类型；同样，不出意外地，我被一楼艺术商店的老板高兴地接下了，他把我挂在玻璃橱窗的高处，这时我第一次看到地面是什么样的。

一个孩子，看上去还很小，赖在地上不想进隔壁的素描画室。然后我听到了哭声。但是孩子并没有哭，哭声越来越近我才发现是A在哭。

画家正握着A的画框说了些什么，商店的老板却连连摇头，影子在灯光里晃成波浪落在我的背后。我们已经走过了相熟的收藏家的展室和地下所有可能展出画作的房间，走完了一圈画廊、工坊和咖啡馆，这家店是最后的一家了，结果A还是没有着落。我还没有想好怎么安慰A，那个家伙就夹着A推开了商店的门，"他们又要回到那个乱糟糟的工作室了"，我想。

“他看上去很糟糕。”C的声音突然出现了。

我到处张望，终于透过地面滤网上的树叶间的空隙看到了C，它正脸贴着玻璃看着我，我们的视线间断地被我面前和他面前稀稀落落的人打断。

“他总是把事情想得太好了。你一开始就知道你会来这个店，我知道我会去随便一个地方，幸运的话就像现在这样能找个朋友聊点天。但他，他一开始就不应该以为一切可以心想事成，像个傻子一样。”

我第一次知道C可以一口气说这么多话，他似乎有些不习惯地下的各种声音而憋了很久，尽管我们从工作室出来到现在只过了三个小时十五分钟。

3

最近，商店老板一直急冲冲地在门前兜圈，拉住每一个路过的人，向他们推销自己正在筹备的市民艺术体验节，画家也被邀请去负责一个小小的衣服彩绘摊，他的头发还是乱糟糟的，看上去有些受宠若惊。慢慢地，在门前兜圈的人越来越多，最多的时候他们给中间拉上了横幅，宣布艺术节开始。室外剧场上的活动也拉开了序幕。

画家所做的衣服彩绘意外地受欢迎，孩子们喜欢那些离奇的颜色和外星人，我已经看到不下十个穿着刚画好的衣服的孩子在门口来回飞奔，希望风可以更快地晾干颜料。

于是也有越来越多的人注意到画家摆在一边的几幅画，A也在其中，他看到和自己相似的图案被涂上衣服似乎有些困惑和高兴。我向C传达了这位老朋友的现况，但来来往往的人流一直打断我们的交流，有些人挡在我俩之间，似乎对地下挂着的画很有兴趣。最后C终于不耐烦了，他摆了摆手说算了，让我代他问好。

人群被吸引到室外剧场的时候，我们突然看见那个曾经出现在我们工作室的收藏家，他拉着画家进了红房子，探着头商量着什么。剧目进行到最后一幕的时候他们回到了彩绘的摊子，画家很高兴地把A递给了收藏家，A换了一个方向终于看到了我，他太高兴了，疯狂地向我打招呼，我也疯狂地向他招手。但很快A就被包进纸里，我看着收藏家消失在街角，才发现自己忘了帮C带一个问候。

剧目结束，欢快的掌声在楼栋间产生了近乎无穷的回声。

4

后来，有一天我仰着头缓解长时间低头和C聊天而引起的脊椎不适，突然看到了对面楼中间有一个很显眼的小方块，是A的颜色。他实现了被挂在那里的愿望吧，我想。

再后来，这样的艺术节越办越多，似乎不再有一幅画从出生起就野心勃勃地要被挂在一个收藏家的展室里，他们愿意去任何一个地方。

（4）设计点评

这组同学的设计逻辑非常清晰，始终围绕着艺术从业者及爱好者的需求展开，形成了一个非常有艺术冲击力的方案。在以下方面可以做进一步优化：

① 户型设计采用“X”形很有巧思，不过这一设计同时带来的问题是，“X”形之间所夹的卫生间都无法获得直接的采光通风，这对于现实住区来说是比较难接受的。可以适当考虑天井的设置来解决这一问题。

② 住区的底层是城市人群和住区居民共享的空间，这带来了更多交流的同时，也使得外部与内部流线存在过多的交叉。可以考虑一些更为直接的归家动线，从而满足特殊情况下的需要。

4. 车水阡陌：非遗爱好者的“现世桃花源”（图 8-15）

设计者：林志鹏

图 8-15 “车水阡陌”海报设计（林志鹏绘）

林志鹏同学对于非物质文化遗产（简称“非遗”）十分关注。相较于有形的物质文化遗产，非遗的保护和传承往往是一个更为复杂的过程，因为它涉及观念、知识、技能等诸多难以通过技术实现实体化、媒介化的方面。但同时，由于非遗往往与特定的社区、群体，甚至是个人相关，而通常不会局限于特定的场地，因此将这些人汇集起来，形成统一的文化展示、传承场所也是有可能的。这就是为非遗传承人和爱好者设计的“现世桃花源”。

（1）非遗爱好者的“自由”理想

一个以非遗为主题的住区，要求有两种人群的汇集：一是非遗传承人，他们构成了住区非遗文化的基础；二是非遗爱好者，他们是非遗文化得以发展和传承的支撑力量。这两者是相辅相成的。

对于非遗传承人来说，他们曾经居住的场所往往是传统聚落。那么，他们为什么愿意来到城市之中，愿意居住到这样一个住区？一方面，在传统聚落中，非遗的传承和发展面临着受众减少、人才流失的困境，进入城市也就意味着进入了更为广阔的人际关系中，从而为非遗的未来提供了更多可能；另一方面，非遗的引入也是文化遗产的引入，这对于城市而言能够更好地提升其文化品牌的效力，因此对于非遗传承人的引入必然带有一定的优惠和支持政策。因此，传承人进入城市是存在一定的可能性的；更进一步的问题在于，什么样的居住空间能够吸引他们、留住他们。林同学认为，我们应当尽量在城市中塑造与传统聚落类似的场所（图 8-16），从而尽可能地避免高密度的、缺乏交互的城市生活可能给他们带来的不适。

对于非遗爱好者来说，则需要为他们提供充足的交流空间。在高层住宅中，通过利用疏散楼梯形成上下连续的几层通高空间，既减少公摊，又提供特定非遗主题的交流空间（图 8-16）。

这两种不同的空间以统一的逻辑整合为了一体。

（2）非遗主题住区中的空间叙事

底层的非遗工作坊商业空间与上部的居住空间、下部的类聚落居住空间与上部的高层居住空间，两两形成对照（图 8-17）。空间的对照也就意味着生活方式的对照，而生活方式的对照必然带来矛盾与冲突，以及基于共同理想的和解，这将带来更多新的叙事活动的发生。

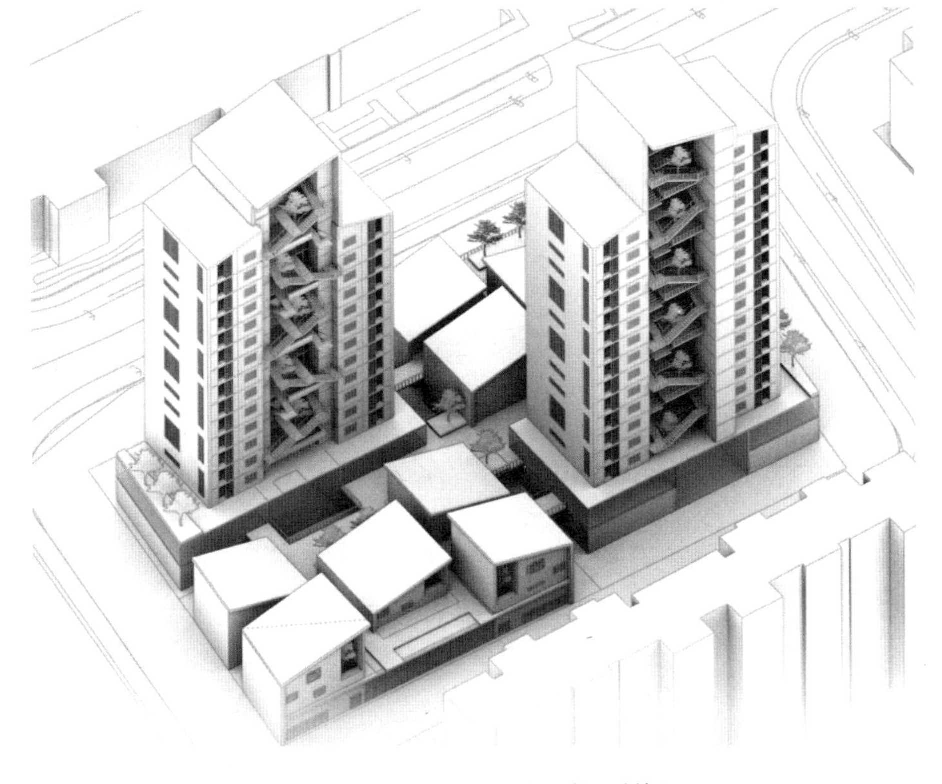

图 8-16　村落化的住区空间（林志鹏绘）

图 8-17　非遗主题住区的场景叙事（林志鹏绘）

传 承

林志鹏

一位老翁年轻时靠着手艺找到了他的老伴，可惜老伴却没能陪他走到最后。老翁无儿无女，余生便与他的手艺相依为命。而每次当他来到工作的库房，重拾手上的功夫，老伴的身影便会在脑海中浮现，久久无法散去。每有所感，他总会把自己想说的话写在信中，想着祭日让火捎给已逝之人。后来却又舍不得了，慢慢竟堆了满满一抽屉。

后来，城市里来了两名工作人员，希望能让他这门手艺被更多人看到。于是，老翁带上了自己吃饭的家伙事儿，还有那一抽屉的书信，将老房子置换成了城市中一个小区的居室。在这里，他得到了一栋带手艺工坊的住房，居住空间与以前差得并不多，而且更加方便了。于是，老翁试图在新环境中放下过往的想念，将自己的手艺传承下去。

时值金秋，工坊里来了个小伙子拜师学艺，碰巧他也住在这个小区的高层。小伙子学东西很快，很对老翁的胃口，但做出的手艺始终有形无神，少了一丝韵味。在闲聊中，老翁才得知，原来是小伙心有所恋，却迟迟不得，因而始终难以专注学艺。老翁仿佛看到年轻时的自己。

日复一日，老翁身体每况愈下。一天，他在二楼院子打理桃树，一不小心摔伤了。幸好小伙正在高楼的平台上与好友聊天，瞥到了这一幕，于是火急火燎地下楼，将老翁送去医院治疗。老翁举目无亲，小伙又主动承担起了照顾的任务。老翁躺在病床上，望着小伙忙碌的背影，却又轻轻叹息——留给自己的时间不多了。

冬去春来，院子里的桃花开了。老爷子坐着轮椅，费力地滑到门口，想去看看院里的桃花。恍惚间，老翁仿佛看到他走了多年的老伴，往日言笑晏晏之景浮现脑海。老伴的祭日又快到了。

那天，老翁叫来了小伙子还有他的女友。他拉开那个堆满信封的抽屉，一份份思念如潮水般涌出来。女孩看着文字中流露的情感，不禁眼含热泪。老翁把他们请到工作坊，让小伙当着女伴的面展现了自己的手艺。终于，老翁在其中看到了灵气，因为其中有爱。

第二天，老翁独自在家，他终于下定了决心。桃花树下，信件的灰烬随风而上，飘向四方……

（3）设计点评

林同学的设计通过将低层的村落式的居住空间与高层的城市住宅整合在一个住区中，来呼应非遗传承人与非遗爱好者的居住需要，并通过类似的建筑形式将两者统一在一起，做了一些不错的思考。不过，该方案在一些层面上还有较大的优化空间：

① 低层与高层建筑的分布位置可以做调整。由于高层建筑容易遮挡低层的日照，因此应该充分利用场地非正南北的倾斜角度，通过高层体量的位置和方向的设置，来尽量保证场地中低层位置更好的日照条件；而低层住宅中 2 层住栋和 3 层住栋的布局也需要考虑相互之间的日照遮挡。

② 现有的空间对于非遗活动的交流问题回应得比较少，底层布置的主要是非遗的商业功能，没有考虑到非遗的展示、活动的展开，以及上层的居住空间与下层工作坊之间的关系。

③ 高层住宅设计似乎比较常规，没有考虑到非遗爱好者本身特别的喜好所带来的空间的特殊性。这需要进一步展开思考。

5. 叠翠寻花：园艺爱好者的“现世桃花源”（图 8–18）

设计者：吴芷婧、陈凯璐

图 8–18 “叠翠寻花”海报设计（吴芷婧、陈凯璐绘）

吴芷婧和陈凯璐同学是园艺爱好者。对于她们来说，植物的发芽、成长、开花、败落，承载了她们的伤感与欢乐。花卉种植不仅仅是一项陶冶情操的活动，同时也是社交活动得以发生的契机。那么，如何设计一个对园艺爱好者友好的“现世桃花源”？

（1）二次元爱好者的“自由”理想

对于园艺爱好者来说，一个理想的住区应当具有充分的园艺种植、展示、交流空间。从归家路线开始，经由美好的沿途景观，再通过富有特色的入户庭院，

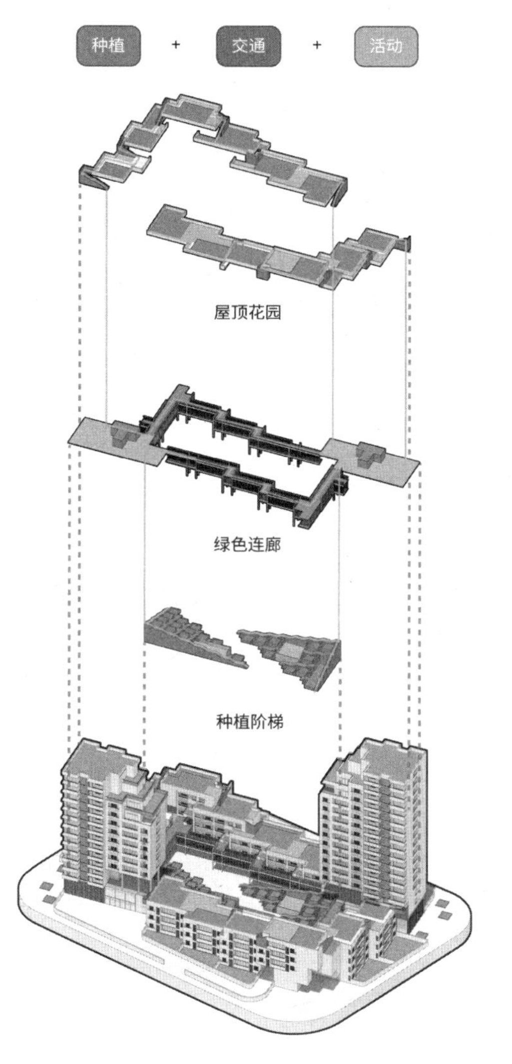

图 8-19 住区中立体的、多样的园艺空间（吴芷婧、陈凯璐绘）

进入户内；即使是通过地下停车场，也要有下沉庭院的景观相伴。到达户内之后，需要有适宜种植的、充满日照的房间，并且有相应配套的储藏空间；这些种植空间最好能被室内的公共区域直接看到，或者与厨房相接，从而能够拉近“可食用阳台”与室内的联系。而在住区的公共区域，则希望有回绕的游览路线，而丰富的标高变化也能带来立体化的园艺体验。

于是，整个“秘密花园”通过围合塑造中心景观，调整朝向以获取正南方向的更好日照，并且通过高低错动来尽量规避日照不充分的问题，并且塑造出立体的花园游赏路径。最终，整个方案呈现出立体的、多样的园艺空间（图 8-19）。其中比较有意思的是内部公共空间的处理，通过方形种植块高低错落的方式，既形成了类似日本淡路梦舞台（Awaji Yumebutai）的效果，同时自然而然地解决了中部广场与低层屋顶漫游路径的连接关系，其下部的空间还能作为非机动车库、配电房等辅助功能的所在，可谓是一举多得。对这一中心空间的围合，则通过“园艺友好型”户型的设计和组织（图 8-20）来实现。所谓“园艺友好型”，指的是在户型设计中注重种植空间对日照的利用及其对室内空间的促进作用。

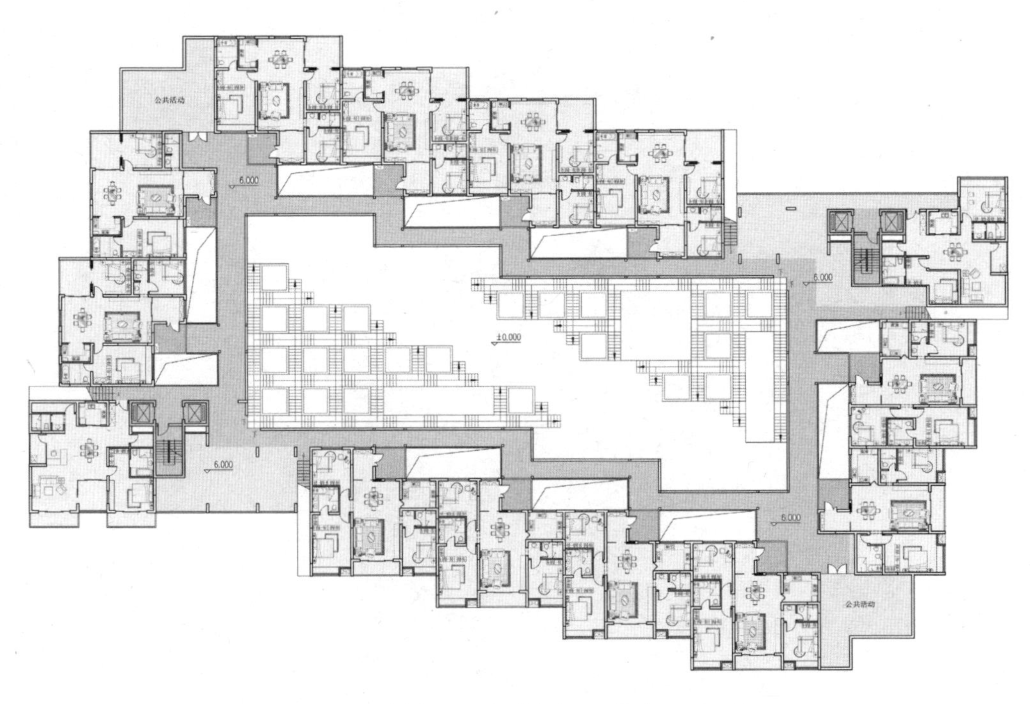

图 8-20 “园艺友好型”户型组合（吴芷婧、陈凯璐绘）

（2）二次元主题住区中的空间叙事

另外，要十分注意的是她们对住区与城市内外转换空间的处理。由于整个方案的生成大量采用了高低退台的操作来提升园艺种植空间的品质和游览的可能性，于是在住区入口的设计中，她们通过一种相似的体块退进方式，形成一个由外而内、由大到小、体块错落的入口空间，塑造出暧昧的内外空间关系（图8-21）。它与陶渊明笔下的桃花源入口洞穴存在一定的相似性，但是却采用了更为几何现代的演绎方式，煞是有趣。

（3）园艺主题住区中的空间叙事

“叠翠寻花”，吴芷婧和陈凯璐同学在一开始就设计了这样一个故事。对于园艺爱好者来说，送花或许是表达喜欢之情的重要方式，而一朵来自陌生人的花必将引起接受者的不断追寻；而在追寻的过程中，主人公能够游历不同的园艺场所，在高低起伏的空间中感受追寻过程本身所带来的美好。最终，空间与故事完美地衔接在了一起。

图 8-21　住区入口的“洞穴”空间（吴芷婧、陈凯璐绘）

叠翠寻花

吴芷婧、陈凯璐

每当看到屋顶层层叠叠的绿，她就明白，家到了。

穿过山角退进的洞口，整片缤纷环抱住世界。尽管住在高层上，每天回家她仍总是喜欢沿着室外楼梯一直爬到三层的平台，一路上穿过社区的共享花圃，看着花草们一日日长大。

她像往常一样从平台坐上电梯，准备进家门时忽然在花园的角落发现了一朵芍药花，是自家没有的白色品种，切口还是新鲜的绿色，纸条上工工整整地写着：给小莲。

她按住心口怦怦乱跳的小兔子，把花悄悄藏进书包，从厨房窗口顺手抓走两块新烤的坚果饼干。奶奶在水槽边洗着刚摘的黄瓜，迷迭香炖菜的香气弥漫在房间里，餐桌上摆着新鲜的西红柿沙拉和刚泡好的红茶，她扔下书包，一饮而尽。

妹妹正在另一边的阳台种花，看到姐姐回家，她扔下手里的东西蹦蹦跳跳地扑过来。小莲抓住她热乎乎的小手，说着："好脏啊，不要过来。"眼睛却是弯弯的。

拎起书包悄悄走回房间。

那朵花是谁送的呢？

她决定第二天去找找，看哪家的花园里有一样的花。

恰逢周末，社区在举办园艺市集，她穿过熙熙攘攘的人群，沿着三层的平台走了整整一圈，路过许许多多的花园，她一处处用心看着，却没有同样的。于是她继续沿着台阶向上，一直爬到角上最高的屋顶，俯瞰着整个住区层层叠叠的花园。

找不到的。

她太累了，慢慢停下脚步，大地深处的那个声音还在轻轻召唤着她，于是她脱掉鞋子，又脱掉袜子，绿草从脚趾的缝隙里冒出来。泥土拉她坐下，风让她躺下，雨像冰凉的泪珠无声地滑落。她把手深深插进泥土里，像一株小花和天地生长在一起。

找不到的东西一直都在心里。

（3）设计点评

吴芷婧和陈凯璐小组在设计开始的早期阶段便确定了故事梗概，并以一种叙事化的方式展开设计。也正因为如此，在这个设计中，我们能够明显地感受到形式背后反映出的人的活动。不过，还有部分内容可以继续优化：

① 该组同学考虑的问题还是比较全面的，不过图纸表现能力相对较弱，特别是结合整个空间叙事，完全能够生成相应的一套场景效果图，来表达住区内部人们的活动，可惜未能看到。

② 在户型的设计中还是显得有些中规中矩，园艺空间看上去与户型内部空间的关系较弱，有种生硬植入的感觉，还需要继续推敲如何将其更好地组织到户型之中。

8.4 主题型住区的作用和意义

8.4.1 作为一种住宅设计策略

主题型住区是一种十分有效的建筑设计策略。在公共建筑设计中，针对相应的人群展开相应的设计已经成为设计者的共识；然而这一思想在住宅设计，特别是集合住宅设计领域并未得到重视。这一方面与集合住宅所承载的人群的复杂性、多样性有关，另一方面也与设计者主动或被动地固守已有的成熟住宅设计体系有关。

以主题方式展开住区设计，能够更好地应对特定人群生活中的痛点问题，并以建筑设计者擅长的功能、空间、形式等手法，来对这些问题做出适当的解答，集中体现了住宅的“以人为本”而非“以资本为本”。

首先，特定的理想生活必然有辅助其成立的相关配套设施。这些功能有的可以设置在住栋的底层以同时服务于住区内外的人群，比如宠物友好住区配套的宠物医院及相关商店，既能服务内部，也是对周边业态的补充和相关业态的整合；有的则最好设置在住栋内部以方便住户的使用，例如宠物遛弯空间最好能够设置每层进入的通道并且连接各层，从而在提供遮蔽的同时促进人们的相互交流；而有的则对户型内部的设计提出了新的功能要求，例如宠物归家之后的清洗、特殊时期的隔离等等，都要求必要的室内装置或空间的支持。

其次，特定的理想生活也会影响建筑形式的表达。当不同的人群或种群被纳入空间设计的考量之后，他们各自的光线、视线要求的差别就会使得建筑的立面形式发生相应变化。同时，由于对理想生活对于特定场景的需要，导致建筑的立面可能呈现为立体绿化、赛博朋克、卡通炫彩等诸多不同的风格，这些特殊的表现将为住宅设计带来新的活力。

最后，主题型住区，特别是以“桃花源”为文化概念的主题型住区，对于空间的设计也提出了一些特别的要求。正如本书在“不变的桃花源”研究中所得到的，桃花源最为核心的理念是“自然”，即自然而然。因此，当考虑住区本身与外部城市环境关系的时候，要依据不同群体对待社会关系的不同而呈现为更加多元的样式，而不能固守原初桃花源所展现的那种封闭的姿态。例如，以艺术爱好者为主题的住区，人们一方面希望能够有一个相对封闭的自我空间，同时也不希望与外部世界隔绝，有些艺术家甚至很希望自己的作品能够被更多的人看到和喜欢。因此，一种形式上围合，但是底部开放的模式，便成为一种恰当的选择。类似的，位于主题型住区中的某个住户，也会面临其如何与整个住区或组团单元相处的问题，这同样涉及空间关系的建构；而这也同样要从人们需求的角度提出构想。除此之外，桃花源的“中”之顺化所反映出的仪式感也需要在这些反映关系的空间中有所表现，顺化意味着这种转化空间不能是刻意附加的，而应当与建筑结构、形式、功能本身自然而然的需要密切相关。

8.4.2 作为一种住宅开发策略

主题型住区的提出为房地产行业的发展提供了一条全新道路。在当下，房地产行业的下行已经成为中国社会普遍的发展状况。2024 年 3 月 9 日，十四届全国人大二次会议举行民生主题记者会，住房和城乡建设部部长倪虹说“对于严重资不抵债、失去经营能力的房企，要按照法治化、市场化原则，该破产破产、该重组重组”[①]，足可见当前房地产市场的严峻。

不过，正是在这种严峻的形势之下，原本房地产的高周转模式不再起效，住宅必须更多地回归到对人的需求本身的关注，才能重新获得人们的青睐；也正是在这一段冷静期，人们有更多时间来沉淀、思考住宅产业发展的新思路。

倪虹也表示，“要始终坚持‘房子是用来住的不是用来炒的’定位，完善市场加保障的住房供应体系，政府保障基本住房需求，市场满足多层次、多样化的住房需求，建立租购并举的住房制度，努力让人民群众住上好房子。”[②]

如何实现对住房需求多元化的回应，主题型住区明显能够提供一个较好的解答。而租购并举的住房制度，本身有可能带来住区品质的恶化，因为租户对

---

① 财联社记者李洁 3 月 9 日讯《住建部释放关键信号：城市政府用好调控自主权 资不抵债房企该破产就破产》，参见：https：//www.cls.cn/detail/1615204。

② 同上。

于住区设施及公共空间维护的意识，相对来说会比购房的业主更薄弱一些。但是，如果考虑以特定的主题展开住区开发，而无论是房屋的购买者还是租赁者，都对这一主题及相关的设施拥有喜爱和保护之情，就能实现住区品质的维持。也就是说，主题型住区能够更好地实现租购并举的开发模式。

因此，我们可以充分探索、开发主题型住区在住区开发中的潜力，从而为未来房地产行业的发展提供一种思路。

8.4.3 作为一种社会改善策略

更为重要的是，主题型住区还是一种应对当代问题的社会策略。

首先，主题型住区的出现将极大地丰富城市面貌，改善“千城一面，万楼一貌”的局面。居住建筑是城市中占比最大的建筑类型，然而也是设计雷同状况最为严重的领域。一旦采取主题型策略，在同一区域范围内的住区将会尽量拉开人群的差距以保证自身在这一区域内的独特性，这是资本运作的基本逻辑，而针对人群的差别也就意味着建筑设计本身所关注的问题的差别，这必然导向建筑形态的差异。于是，在同一区域内，我们将自然而然地发现邻近住区之间出现的显著差异，城市也就不会在不断重复的住宅单元中显得单调乏味了。

其次，主题型住区通过特定人群的聚合，能够带动一个区域特色产业的发展。这是因为，当具有同样理想生活的人们聚集在特定区域之后，出于相关生活便利性以及商业发展的考量，相关产业和店铺会自然而然地在这一区域聚集。例如，以运动为主题的住区，涉及各种运动产品和服务的消费，包括运动装备、按摩放松、术后修复等等，一些住区可能并未配套场馆设施，例如保龄球馆、壁球馆等等也会逐渐补充起来，最终形成满足运动爱好者一条龙服务的运动产业区；而诸如二次元主题的住区，则会以其戏剧化的空间场景，吸引相关的漫展、手办销售等活动的聚集，从而形成如同动漫场景一般的城市街区……在这些设想中，住宅建筑已经不仅仅是满足居住的需求，同时它们还作为城市生活富有特色的“背景板”和“标志物”，构成了城市发展建设的名片。这种以住区的“点”带动城市区域的“面”的发展模式，既利用了住区人口的汇集作用来促进产业的发展，同时也利用相关产业的植入提升了住户对于特定生活主题的感知，可谓是一举两得。

最后，对于整个城市而言，这是提升城市幸福感的一种最为直接且有效的手段。在过往的城市实践中，政府部门往往通过市政设施的提升来优化人们对于城市的感受，这的确是十分必要的。但是，对于占据了我们一半生活时间的居住建筑，却常常不闻不问——只有当住区的品质差到影响城市形象的时候，一些“涂脂抹粉”的表面优化工作才会介入其中。而主题型住区的发展，正是希望将人们的剩下这一半生活时间提升为幸福的时刻。能够预想到，由于相同的兴趣爱好或理想情志而产生的生活的共鸣，以及由此引发的各种艺术化的呈现，将以各种媒体的形式被广泛书写、传播，从而成为彰显幸福生活的真情流露，而这种类型的居住空间也能在媒体的传播中，成为其他住区效仿、竞争、超越的对象，住区与住区之间就能在这样的比较之中不断进化，最终使得住区更加满足人们对于理想生活的想象，由此实现了住宅产业发展的良性循环。

因此，不论是对居民、开发商，还是政府而言，主题型住区都不失为一个好的选择。

结语

自从《桃花源记》进入了初中语文教材并成为必背课文之后，“桃花源”成为了几乎所有中国人耳熟能详的对象。这赋予了桃花源以极大知名度的同时，也带给人们一种错觉，那就是人们自以为很了解桃花源，并在讨论相关话题的时候总能拥有一定的谈资，从而导致人们往往缺乏真正深入了解桃花源的动力，而只流于肤浅的讨论和引用。

通过本书的研究，我们可以发现，桃花源并不仅仅代表了陶渊明笔下那一个充满田园气息的自给自足的世界，在时代和地域的变迁中，人们总是根据新的语境对桃花源展开新的理解。而在这些不同理解的背后，蕴含的是基于陶渊明哲学思想和中国文化而建构起来的一种关乎“自然”的空间范式——它不仅涉及我们如何认识世界、认识理想空间，同时还提供了相应的空间操作方法，并且蕴含了对空间整体的某种结构性的期待——它们都与中国文化中“自然”的话语存在密不可分的联系。

事实上，本书最为重要的理论成果，就是对于桃花源“自然”空间范式的揭示，它使得从桃花源的理论分析迈向设计实践成为可能。不过，我们可以看到，现当代已经有许多与桃花源相关的建筑、艺术、聚落设计实践，但是它们要么过于偏重桃花源的形式表现，要么沉溺在哲学思辨中而缺乏对现实空间展开操作指导的能力，这种遗憾背后的原因正是在于“自然”空间范式的缺位。

不过，虽然真正符合桃花源“自然”空间范式的设计尚未见到，但是桃花源作为理想空间的代表，其最终呈现的效果必然与现有的理想空间的设计操作存在一定的相关性，甚至在某些具体的设计策略层面还有可能是共通的。因此，本书选择了一些理想人居环境的案例，试图从桃花源“自然”空间范式的三个角度去对这些设计策略展开了一定的归纳总结工作。

可以说，本书的上篇提供了桃花源式理想空间的基本原则，而中篇提供了理想空间操作的一些具体方法，将这两者相结合，我们就可以尝试展开桃花源式理想空间的具体设计。这种设计既能运用于大规模的城乡规划，也能结合到具体的单体建筑设计之中，因为桃源范式本身并不拘泥于特定的尺度，任何规模的建成环境，只要它的形成基于某种特定的共同理想，那就有成为桃花源的可能；同时，这种设计既能运用在公共建筑中，也能体现在与人的衣食起居密切相关的居住建筑里，因为桃源范式也不会受到特定建筑类型的限制，它专注于所有的“之间”，只要以符合建筑本身内在逻辑的方式自然而然地塑造具有仪式感的转化，其自然就具有了桃花源的意蕴……

尽管演绎类型多种多样，本书还是选择了其中的一种建筑类型——居住建筑展开了更深入的思考。之所以如此，一方面是因为居住问题是所有建筑问题中最为基础的，而当代中国的居住问题也是现代性问题表征最为严峻的一环；另一方面，原初的桃花源描绘的就是一个生活世界，尽管其后世的内涵在不断演变，但在当下重新回到居住问题的讨论，也可以视作是与其原初概念的暗合。

作为一种实践探索的可能，本书提出了“主题型住区”的理念，它是桃花源“自然”空间范式在当代中国居住建筑中演绎的一种可能性，体现了桃源文化在当代的创造性转化和创新性发展。当然，“主题型住区”并不是一个固定的概念，主题的宽泛性赋予了它更多发展的可能，而本书只是为其设定了基本原则，从而使其在发展的过程中不至于背离最原初的范式。同时，“主题型住区”的提出还是对中国当代居住现代性问题的一种回应。通过内在机理、运作机制、表现形式等层面的探索，我们希望从中国文化自身的底蕴出发，探索新的住宅现代化发展之路。

不过，“主题型住区”的提出毕竟只是一个开始，它还需要更多实践的检验来证明其有效性；又或者，真正的市场实践又会发现理论探索层面的不足，进而反哺理论本身的前进。总之，这将会是一条充满挑战和发展机遇的道路。

同时，我们还要注意到桃花源“自然”空间范式在更多建筑领域，或者说建成环境领域存在的可能性，甚至是艺术空间的表现，都有机会对这一范式展开更多新的诠释。如此，更多新的设计理念就会被不断提出，从而在当代设计界形成一个新的桃花源话语体系。

彼时，我们也将成为“变化的桃花源”历史中的一个章节。

附录

附录一：参考文献

一、古籍

[1]〔晋〕葛洪．抱朴子·外篇 [M]．平津馆本 (1812 年).

[2]〔唐〕房玄龄．晋书 [M]．武英殿本 (1739 年).

[3]〔唐〕王维.〔清〕赵殿成，笺注．王右丞集笺注 [M]．乾隆二年序刊本 (1737 年).

[4]〔宋〕洪迈．容斋随笔 [M]．宋本配明弘治本 (1212 年).

[5]〔宋〕黎靖德．朱子语类 [M]．明成化九年陈炜刻本 (1473 年).

[6]〔宋〕陆九渊．象山全集 [M]．明李氏刊本 (1521 年).

[7]〔宋〕王安石．临川先生文集 [M]．上海涵芬楼藏明嘉靖三十九年抚州刊本 (1560 年).

[8]〔宋〕真德秀．西山真文忠公文集 [M]．景江南图书馆藏明正德刊本 (1520 年).

[9]〔元〕虞集．道园遗稿 [M]．四库全书本 (1792 年).

[10]〔明〕安磐．颐山诗话 [M]．四库全书本 (1792 年).

[11]〔明〕程敏政，辑．新安文献志 [M]．明弘治十年祁司员彭哲等刻本 (1497 年).

[12]〔明〕董说．丰草庵集 [M]．民国吴兴丛书本 .

[13]〔明〕李梦阳．空同子集 [M]．明万历三十年长洲邓云霄刊本 (1602 年).

[14]〔南北朝〕沈约．宋书 [M]．武英殿本 (1739 年).

[15]〔清〕官修．全唐诗 [M]．清光绪十三年上海同文书局石印版 (1887 年).

[16]〔清〕王鳞飞，等，修．冯世瀛，冉崇文，纂．同治增修酉阳直隶州总志 [M]．清同治二年刻本 (1863 年).

[17]〔清〕王士禛，辑．唐文粹 [M]．清康熙二十六年刻本 (1687 年).

[18]〔清〕翁方纲．石洲诗话 [M]．清粤雅堂丛书本 (1768 年).

二、图书

[1]〔德〕斐迪南·滕尼斯．共同体与社会：纯粹社会学的基本概念[M]．林荣远，译．北京：北京大学出版社，2010.

[2]〔德〕齐美尔．桥与门——齐美尔随笔集[M]．涯鸿，等译．上海：生活·读书·新知三联书店，1991.

[3]〔韩〕安辉濬，李炳汉．安坚与梦游桃源图[M]．首尔：艺耕产业社，1991.

[4]〔美〕菲利普·朱迪狄欧，〔美〕珍妮特·亚当斯·斯特朗．贝聿铭全集[M]．黄萌，译．北京：北京联合出版公司，2021.

[5]〔美〕柯林·罗，（美）弗瑞德·科特，著．拼贴城市[M]．童明，译注．上海：同济大学出版社，2021

[6]〔日〕井波律子，著．中国的理想乡——仙界与桃花源[M] 杜冰，译．// 中国民俗学会，编．中国民俗学年刊（2000-2001年合刊）．北京：学苑出版社，2002.

[7]〔日〕上村观光，编．五山文学全集（第三卷）[M]．京都：思文阁出版社，1973.

[8]〔意〕马西莫·卡奇亚里．建筑与虚无主义：论现代建筑的哲学[M]．杨文默，译．南宁：广西人民出版社，2020.

[9]〔英〕齐格蒙特·鲍曼．流动的现代性[M]．欧阳景根，译．上海：上海三联书店，2002.

[10]〔英〕托马斯·莫尔．乌托邦[M]．戴镏龄，译．北京：商务印书馆，1982.

[11]〔汉〕司马迁，等撰．曲梨，编注．二十五史[M]．呼和浩特：内蒙古人民出版社，2003.

[12]〔晋〕陶渊明，著．逯钦立，校注．陶渊明集[M]．北京：中华书局，2018.

[13]〔晋〕陶渊明，著．陶澍，注．靖节先生集[M]．上海：上海古籍出版社，2015.

[14]〔晋〕陶渊明，著．袁行霈，解读．陶渊明集[M]．北京：国家图书馆出版社，2020.

[15]〔晋〕陶渊明，著，龚斌，校笺．陶渊明集校笺（修订本）[M]．上海：上海古籍出版社，2019.

[16]〔南朝宋〕傅亮，等，撰．孙昌武，点校．观世音应验记三种[M]．北京：中华书局，1994.
[17]〔南朝宋〕刘义庆，撰．郑晚晴，辑．幽明录[M]．北京：文化艺术出版社，1988.
[18]〔宋〕王质，撰．许逸民，校辑．陶渊明年谱[M]．北京：中华书局，2006.
[19]〔宋〕朱熹．朱子全书[M]．上海：上海古籍出版社，2002.
[20] 北京大学，北京师范大学中文系，北京大学中文系文学史教研室编．陶渊明资料汇编（下册）[M]．北京：中华书局，1962.
[21] 陈寅恪．《魏书·司马睿传》江东民族条释证及推论[M]//“国立”中央研究院．历史语言研究所集刊(第十一本)．上海：商务印书馆，1944：1-26.
[22] 陈寅恪．金明馆丛稿初编[M]．北京：生活·读书·新知三联书店，2001.
[23] 陈寅恪．陶渊明之思想与清谈之关系[M]．太原：山西人民出版社，2014.
[24] 丁永忠．陶诗佛音辨[M]．成都：四川大学出版社，1997.
[25] 冯友兰．中国哲学史新编[M]．北京：人民出版社，2004.
[26] 格非．人面桃花[M]．长沙：湖南文艺出版社，2014.
[27] 亨利·列斐伏尔．空间政治学的反思[M]//包亚明主编．现代性与空间生产．上海：上海教育出版社，2003：62-67.
[28] 胡适．白话文学史[M]．北京：中国和平出版社，2014.
[29] 金宽雄，金东勋．中朝古代诗歌比较研究[M]．牡丹江：黑龙江朝鲜民族出版社，2005.
[30] 李剑国．唐前志怪小说史[M]．天津：天津教育出版社，2005.
[31] 李义天，主编．共同体与政治团结[M]．北京：社会科学文献出版社，2011.
[32] 梁启超．陶渊明（万有文库本）[M]．上海：商务印书馆，1929.
[33] 刘奕．诚与真：陶渊明考论[M]．上海：上海古籍出版社，2023.
[34] 逯钦立，辑校．先秦汉魏晋南北朝诗[M]．北京：中华书局，1983.
[35] 逯钦立，著．吴云，整理．汉魏六朝文学论集[M]．西安：陕西人民出版社，1984.
[36] 漆思．现代性的命运——现代社会发展理念批判与创新[M]．北京：中国社会科学出版社，2005.

[37] 钱钟书．谈艺录 [M]．北京：中华书局，1984.
[38] 容肇祖．魏晋的自然主义 [M]．北京：东方出版社，1996.
[39] 石守谦．移动的桃花源：东亚世界中的山水画 [M]．北京：生活·读书·新知三联书店，2015.
[40] 隋树森，编．全元散曲 [M]．北京：中华书局，1964.
[41] 汤一介．郭象与魏晋玄学 [M]．武汉：湖北人民出版社，1983.
[42] 唐长孺．读《桃花源记旁证》质疑 [M] // 朱雷，唐刚卯，选编．唐长孺文存 [M]．上海：上海古籍出版社，2006.
[43] 唐长孺．魏晋南北朝隋唐史讲义 [M]．北京：中华书局，2012.
[44] 田余庆，周一良．中国大百科全书　三国两晋史 [M]．北京：中国大百科全书出版社，2012 .
[45] 吾淳．中国哲学起源的知识线索——从远古到老子：自然观念及自然哲学的发展与成型 [M]．上海：上海人民出版社，2014.
[46] 许煜．论中国的技术问题——宇宙技术初论 [M]．卢睿洋，苏子滢译．杭州：中国美术学院出版社，2021.
[47] 袁行霈．陶渊明研究 [M]．北京：北京大学出版社，1997.
[48] 张景，张松辉，译注．道德经 [M]．北京：中华书局，2021.
[49] 朱光潜．诗论 [M]．桂林：漓江出版社，2011.
[50] 朱自清，著．蔡清富，等编选．朱自清选集（第 2 卷）[M]．石家庄：河北教育出版社，1989.

三、学术论文

[1] 白广明．《搜神后记》的作者是陶潜吗？ [J]．晋阳学刊，1996(2)：59-61.
[2] 柏俊才．论净土思想对《桃花源记并诗》之影响 [J]．武汉科技大学学报（社会科学版），2007(3)：319-323.
[3] 柏涛．论陶渊明《桃花源记》所反映的社会理想 [J]．北京林业大学学报，1989（S1）：92-98.
[4] 蔡彦峰．《搜神后记》作者考 [J]．九江师专学报，2002(3)：21-26.
[5] 陈来．魏晋玄学的“有”“无”范畴新探 [J]．哲学研究，1986(9)：51-57.

[6] 陈立旭．葛洪思想对《桃花源记》的影响 [J]．齐鲁学刊，1996(6)：84-85.
[7] 崔陇鹏，胡平，张涛．基于图式语言的清同治《桃源洞全图》文化景观空间营造研究 [J]．中国园林，2020，36(12)：129-134.
[8] 崔雄权．心象风景：韩国文人笔下的“桃源图”诗文题咏 [J]. 外国文学研究，2022，44(3)：100-111.
[9] 邓安生．从隐逸文化解读陶渊明 [J]. 天津师范大学学报（社会科学版），2001(1)：51-57.
[10] 邓福舜．《桃花源记》与道教岩穴崇拜 [J]. 大庆师范学院学报，2009，29(2)：83-85.
[11] 丁永忠．陶渊明真的未受佛教影响吗？——答龚斌先生质疑 [J]. 九江师专学报，2000(2)：14-19.
[12] 董豫赣，赵辰，金秋野，等．专家笔谈：阅读“瞬时桃花源”[J]. 建筑学报，2015(11)：44-49.
[13] 段成荣，杨舸，张斐，等．改革开放以来我国流动人口变动的九大趋势 [J]. 人口研究，2008(6)：30-43.
[14] 范子烨．《桃花源记》的文学密码与艺术建构 [J]. 文学评论，2011(4)：21-29.
[15] 范子烨．陶渊明与庐山佛教之关系新探 [J]. 学术交流，2023(10)：170-180.
[16] 高原．论“桃花源”理想作为现实的生活方式 [J]. 河西学院学报，2009，25(1)：26-30.
[17] 龚斌．《桃花源记》新论 [J]. 江西师范大学学报（哲学社会科学版），2013，46(3)：43，51.
[18] 龚斌．陶渊明受佛教影响说质疑——读丁永忠《陶诗佛音辨》[J]. 九江师专学报，1999(4)：3-6，15.
[19] 关瑞明．住宅的类设计模式——中国传统居住文化的延续与创新 [J]. 建筑学报，2000(11)：40-41.
[20] 贺伟．从历史语境抵达作者的世界——评刘奕《诚与真：陶渊明考论》[J]. 文艺研究，2024(4)：149-160.
[21] 蒋寅．陶渊明隐逸的精神史意义 [J]. 求是学刊，2009，36(5)：89-97.
[22] 金秋野．异物感 [J]. 建筑学报，2016(5)：17-22.
[23] 敬文东．格非小词典或桃源变形记——“江南三部曲”阅读札记 [J]. 当代作

家评论，2012(5)：67-88，209.
[24] 静恩德凯．徐冰：桃花源的理想一定要实现 [J]. 美术研究，2013(4)：10-11，130.
[25] 李剑锋．明遗民对陶渊明的接受 [J]. 山东大学学报（哲学社会科学版），2010(1)：145-150.
[26] 李兴钢，张玉婷，姜汶林．瞬时桃花源 [J]. 建筑学报，2015(11)：30-39.
[27] 李雪松，司有和，黎浩．主题公园建设的体验消费模型及实施设想 [J]. 城市问题，2008(7)：48-52.
[28] 李振宇，常琦，董怡嘉．从住宅效率到城市效益 当代中国住宅建筑的类型学特征与转型趋势 [J]. 时代建筑，2016(6)：6-14.
[29] 李振宇，卢汀滢，宋健健，等．看不见和看得见的手——新世纪中国住宅建筑设计的特征及其成因刍议 [J]. 新建筑，2020，189(2)：23-28.
[30] 林晓珊．流动性：社会理论的新转向 [J]. 国外理论动态，2014(9)：90-94.
[31] 刘刚．陶渊明“桃花源”社会理想新论 [J]. 鞍山师范学院学报，2000(1)：21-28.
[32] 龙兴武．《桃花源记》与武陵苗族 [J]. 学术月刊，2000(6)：21-26.
[33] 罗忠恒，程乾，林美珍．中国主题公园时空发展格局及影响因素 [J]. 地理与地理信息科学，2022，38(6)：135-142.
[34] 雒江生．略论《桃花源记》与系诗的关系 [J]. 文学遗产，1984(4)：39-42.
[35] 马少侨．《桃花源记》社会背景试探 [J]. 求索，1981(3)：84-86.
[36] 毛帅．桃源不在世外：论三至十三世纪武陵地区“桃花源”实体景观的建构过程 [J]. 中国历史地理论丛，2013，28(1)：13-21.
[37] 青锋．从胜景到静谧——对《静谧与喧嚣》以及“瞬时桃花源”的讨论 [J]. 建筑学报，2015(11)：24-29.
[38] 任重，陈仪．陶渊明转向道家的思想轨迹 [J]. 重庆社会科学，2006(3)：64-69.
[39] 谭定德．“衣着”新解——《桃花源记》“男女衣着，悉如外人”争论述评 [J]. 贵州教育学院学报，2009，25(8)：77-81.
[40] 田瑞文．从《桃花源记》的版本流变看其文体归宿 [J]. 新世纪图书馆，2009(4)：56-58+17.
[41] 汪树东．论 20 世纪中国文学中的桃花源原型 [J]. 学术交流，2006(5)：155-159.

[42] 汪征鲁，郑达炘．论魏晋南朝门阀士族的形成 [J]. 福建师大学报（哲学社会科学版），1979(2)：88-93.
[43] 王怀平．“桃花源”文学原型的图像置换 [J]. 湖南社会科学，2012(6)：214-217.
[44] 王启涛．陶渊明与佛教关系新证 [J]. 西南民族学院学报（哲学社会科学版），2001(10)：61-64.
[45] 王维理．也谈《桃花源记》与系诗的关系 [J]. 重庆师院学报（哲学社会科学版），1986(3)：62-64.
[46] 王子耕．3 种建筑：疫情下关于网络与建筑的一些思考 [A]// 群论：当代城市 · 新型人居 · 建筑设计．建筑学报，2020，618(Z1)：26-27.
[47] 吴玉军，李晓东．归属感的匮乏：现代性语境下的认同困境 [J]. 求是学刊，2005(5)：27-32.
[48] 严明，谢梦洁．朝鲜、日本对陶渊明诗文的接受 [J]. 苏州教育学院学报，2020，37(2)：2-10.
[49] 姚晓雷．误历史乎？误文学乎？——格非《人面桃花》等三部曲中乌托邦之殇 [J]. 文艺研究，2014(4)：5-13.
[50] 杨慧，施海涛．人造、技术、消费与超现实景观：以迪斯尼主题公园为例 [J]. 广西民族大学学报（哲学社会科学版），2011，33(3)：21-26.
[51] 杨静．蚕道 梁绍基《自然》系列的生态内涵 [J]. 新美术，2018，39(6)：119-127.
[52] 杨靖，傅文武．高密度城市住区品质提升的共同体营造策略研究——以“现世桃花源”主题型住区课程设计教学为例 [J]. 世界建筑导报，2023，38(4)：35-40.
[53] YANG Jing, FU Wenwu. Reinterpretation of Chinese Mountain-Dwelling Spirit in Sustainable Residential Design[J]. Journal of Green Building, 2022, 17(4): 267-285.
[54] 杨靖，任书瑶，傅文武．“居格”：基于中国传统园林建筑的当代高层住宅文化形态重构 [J]. 住区，2025，125(1)：26-34.
[55] 杨秋荣．《桃花源记》：魏晋时期最伟大的玄怪小说 [J]. 北京教育学院学报，2011,25(2)：51-62.
[56] 杨秋荣．《桃花源记》：魏晋时期最伟大的玄怪小说 [J]. 北京教育学院学报，2011，25(2)：51-62.
[57] 杨艳，巫大军．基于传统农耕文化的当代设计美学思考——以梁绍基作品为例 [J]. 装饰，2015(9)：140-141.

[58] 杨燕 . 陶渊明在儒家道统中的地位新论：对《桃花源记》主旨的一种剖析 [J]. 吉首大学学报（社会科学版），2005(4)：148-152.
[59] 叶超 . 城市规划中的乌托邦思想探源 [J]. 城市发展研究，2009，16(8)：59-63,76.
[60] 张沛 . 乌托邦的诞生 [J]. 外国文学评论，2010(4)：119-127.
[61] 张松辉 ."桃花源"的原型是道教茅山洞天 [J]. 宗教学研究，1994(Z1)：47-52.
[62] 郑文惠 . 乐园想象与文化认同：桃花源及其接受史 [J]. 东吴学术，2012(6)：19-31.
[63] 诸葛净 . 断裂或延续：历史、设计、理论——1980 年前后《建筑学报》中"民族形式"讨论的回顾与反思 [J] . 建筑学报，2014（Z1）：53-57.
[64] 朱明 . 意大利文艺复兴时期的"理想城市"及其兴起背景 [J]. 世界历史评论，2023，10(1)：3-24+2+291.
[65] 朱涛 . 新中国建筑运动与梁思成的思想改造：1952—1954 阅读梁思成之四 [J]. 时代建筑，2012(6)：130-137.

四、学位论文

[1]〔韩〕李殷采（LEE Eunchae）. 18 世纪韩日绘画中中国绘画的影响研究——以《桃花源记》《归去来辞》题材为中心 [D] . 杭州：浙江大学，2021.
[2] 胡寅寅 . 走向"真正的共同体"——马克思共同体思想研究 [D] . 哈尔滨：黑龙江大学，2016.
[3] 李枫 . 翻译"乌托邦"——乌托邦思想在晚清的译介与接受研究 [D] . 上海：上海外国语大学，2020.
[4] 吕菊 . 陶渊明文化形象研究 [D] . 上海：复旦大学，2007.
[5] 孙晨 . 陶渊明"桃花源"故事诞生的文化阐释 [D] . 广州：暨南大学，2015.
[6] 王浩冉 . 古代桃花源题材绘画的多元表现与内涵研究 [D] . 无锡：江南大学，2019.
[7] 颜健富 . 编译 / 变异：晚清新小说的"乌托邦视野"[D] . 台北：台湾政治大学，2008.
[8] 赵琰哲 . 文徵明与明代中晚期江南地区《桃源图》题材绘画的关系 [D] . 北京：中央美术学院，2009.

附录二：陶渊明年谱及时代大事记

年份	时事	陶渊明年谱	
晋废帝太和四年己巳（369年）	桓温第三次北伐，败于枋头。桓玄生	一岁	渊明生
晋废帝太和五年庚午（370年）	—	二岁	—
晋简文帝咸安元年辛未（371年）	十一月，桓温以枋头之败，废司马奕为东海王，立司马昱为帝，是为简文帝	三岁	—
晋简文帝咸安二年壬申（372年）	正月，降司马奕为海西县公。七月，司马昱卒，子曜即位，是为孝武帝	四岁	程氏妹生
晋孝武帝宁康元年癸酉（373年）	桓温卒	五岁	—
晋孝武帝宁康二年甲戌（374年）	—	六岁	—
晋孝武帝宁康三年乙亥（375年）	—	七岁	—
晋孝武帝太元元年丙子（376年）	是年改元	八岁	渊明丧父
晋孝武帝太元二年丁丑（377年）	谢玄为兖州刺史，领广陵相，监江北诸军事，乃招募骁勇之士，以刘牢之为参军，时号“北府兵”。周续之生	九岁	—
晋孝武帝太元三年戊寅（378年）	前秦苻坚遣其子丕率大军十万围攻东晋襄阳	十岁	—

年份	时事		陶渊明年谱
晋孝武帝太元四年己卯（379 年）	苻丕攻陷襄阳，执东晋南中郎将朱序。 谢安为宰相。 是年大旱，瘟疫流行	十一岁	—
晋孝武帝太元五年庚辰（380 年）	晋又大水。民比岁遭灾，多饿死	十二岁	庶母卒
晋孝武帝太元六年辛巳（381 年）	孝武帝司马曜初奉佛法，立精舍于殿内，引诸沙门居之。尚书左丞王雅表谏，不从。 是岁，江东大饥，会稽人檀元之反	十三岁	从弟敬远约生于本年
晋孝武帝太元七年壬午（382 年）	前秦苻坚与群臣谋伐东晋	十四岁	—
晋孝武帝太元八年癸未（383 年）	苻坚渡淮伐晋，东晋谢玄、谢琰诸将大破之于淝水	十五岁	—
晋孝武帝太元九年甲申（384 年）	谢玄攻苻坚将兖州刺史于鄄城，克之。加谢安大都督十五州诸军事。 颜延之生	十六岁	—
晋孝武帝太元十年乙酉（385 年）	谢安卒。以琅邪玉司马道子为都督中外诸军事，代谢安执国政。 谢灵运生	十七岁	—
晋孝武帝太元十一年丙戌（386 年）	江州刺史桓伊为慧远立东林寺	十八岁	—
晋孝武帝太元十二年丁亥（387 年）	—	十九岁	—
晋孝武帝太元十三年戊子（388 年）	—	二十岁	渊明始仕

续表

年份	时事	陶渊明年谱	
晋孝武帝太元十四年己丑（389 年）	孝武帝司马曜溺于酒色，委政于司马道子。道子亦嗜酒，日夕与曜酣饮，又尚浮屠，穷奢极欲。于是左右近习争弄权柄，交通请话，贿赂公行，官赏滥杂，刑狱谬乱。 彭城人刘黎暴动，刘牢之讨平之	二十一岁	—
晋孝武帝太元十五年庚寅（390 年）	永嘉人李耽举兵反，太守刘怀之讨平之。 司马道子恃宠骄恣，与其党人王国宝弄权。孝武帝不能平，以中书令王恭为五州都督、青兖二州刺史，以为外藩，潜制道子。道子以王国宝为中书令，兼中领军，以相抗	二十二岁	—
晋孝武帝太元十六年辛卯（391 年）	江州刺史王凝之集中外僧徒八十余人，于寻阳南山精舍翻译佛经。 桓玄始拜太子洗马	二十三岁	—
晋孝武帝太元十七年壬辰（392 年）	司马曜以黄门郎殷仲堪为都督荆、益、宁三州诸军事，荆州刺史，镇江陵，潜制道子，晋室内部矛盾益趋尖锐	二十四岁	—
晋孝武帝太元十八年癸巳（393 年）	本年二月地震。六月，始兴、南康、庐陵大水。七月，大旱。 司马徽聚众于马头山反。刘牢之遣将讨平之	二十五岁	—
晋孝武帝太元十九年甲午（394 年）	—	二十六岁	长子俨生
晋孝武帝太元二十年乙未（395 年）	司马道子专权奢纵，孝武帝益恶之，乃擢所亲幸王恭、郗恢、王雅等使居内外要任，以防道子。道子亦引王国宝等为心腹。由是朋党竞起，朝政益乱	二十七岁	《命子》诗约作于本年。 《五柳先生传》约作于本年（龚斌观点）

续表

年份	时事	陶渊明年谱	
晋孝武帝太元二十一年丙申（396 年）	是年九月，孝武帝司马曜为宠妃张贵人所弑。长子司马德宗继位，是为安帝。安帝幼而痴，口不能言，虽寒暑饥饱不能辨，饮食寝兴皆非己出。国宝与王绪益党附于道子，参管朝政，威震内外，王恭深疾焉	二十八岁	次子俟生。 初仕为州祭酒，不堪吏职，少日自解归
晋安帝隆安元年丁酉（397 年）	王国宝、王绪恶王恭、殷仲堪，说司马道子损其兵权，恭乃与豫州刺史庾楷举兵，以讨国宝、王绪为辞。道子杀国宝、王绪以悦恭	二十九岁	三子份、四子佚生。 《联句》诗约作于本年
晋安帝隆安二年戊戌（398 年）	王恭与殷仲堪、桓玄、庾楷、杨佺期同盟举兵，以讨道子。道子以其子元显拒王恭。九月，元显破庾楷于牛渚，王恭司马刘牢之叛，败恭于京口。牢之代恭镇京口。桓玄、殷仲堪等盟于浔阳，推桓玄为盟主。诏以玄为江州刺史。 新安太守孙泰知晋祚将终，收合兵众，司马元显诱而斩之。泰兄子恩逃于海，聚合余众，以谋复仇	三十岁	渊明丧妻
晋安帝隆安三年己亥（399 年）	司马元显为扬州刺史，多引树亲党，又聚敛不已，富逾帝室。 孙恩自海岛陷会稽，杀内史王凝之，旬日之间奄有八郡，众数十万。朝廷乃遣卫将军谢琰、辅国将军刘牢之逆击，恩复逃入海。乃以谢琰为会稽内史。 桓玄袭杀荆州刺史殷仲堪、南蛮校尉杨佺期	三十一岁	渊明约于本年岁末入桓玄幕

年份	时事	陶渊明年谱	
晋安帝隆安四年庚子（400年）	桓玄督八州及扬、豫八郡诸军事，复领江州刺史，又以兄伟为雍州刺史，从子振为淮南太守，朝廷不能违。 五月，孙恩再自海岛攻会稽，杀内史谢琰。诏以刘牢之都督会稽等五郡，帅众击恩。恩走入海。 前将军刘牢之为镇北将军。以扬州刺史司马元显为后将军，开府仪同三司、都督十六州诸军事	三十二岁	渊明为桓玄僚佐，因事使都，作《庚子岁五月中从都还阻风于规林》诗二首。 本年或去年续娶翟氏
晋安帝隆安五年辛丑（401年）	五月，孙恩杀吴国内史袁山松；六月，浮海至丹徒，威逼建康。桓玄乃建牙聚众，屡上疏请讨之。会恩为刘裕击退，元显以诏书止之，并大治水军，以谋讨玄。 刘遗民为柴桑令	三十三岁	七月，渊明由江陵往寻阳休假，假满还江陵，作《辛丑岁七月赴假还江陵夜行涂口》诗。 冬，母孟夫人卒，渊明归寻阳居忧
晋安帝元兴元年壬寅（402年）	正月，东晋朝廷下诏罪状桓玄。 二月，桓玄举兵东下，败晋师于姑孰。三月，晋师前锋刘牢之叛降于桓玄，晋师大败于新亭。司马元显、司马道子先后为桓玄所害。玄自称侍中、丞相、录尚书事，继又称太尉、扬州牧。 孙恩屡败，乃赴海死。余众数千人复推卢循为主。 桓玄下令“沙汰”僧尼，与八座书论沙门不致敬王者之妄。慧远作《与桓太尉论料简沙门书》《答桓太尉书》。 七月，慧远、刘遗民等于庐山阿弥陀像前建斋立誓，共期往生极乐世界。刘遗民作《誓愿文》	三十四岁	幼子佟生。 《晋故征西大将军长史孟府君传》约作于本年

年份	时事		陶渊明年谱
晋安帝元兴二年癸卯（403 年）	冬月，桓玄称楚，改元永始，废晋安帝为平国王，迁于浔阳。 卢循屡败，因浮海南走至广州。 刘遗民弃官隐于庐山。 刘义庆生	三十五岁	渊明仍因母丧居忧。 作《癸卯岁始春怀古田舍》二首。 《和郭主簿》诗二首作于本年夏秋。 作《癸卯岁十二月中作与从弟敬远》诗。 《咏二疏》《咏三良》《咏荆轲》或作于本年冬。（邓安生观点） 《劝农》诗约作于本年
晋安帝元兴三年甲辰（404 年）	二月，刘裕与刘毅、 何无忌等起兵于京口。 三月，入于建康，刘裕行镇军将军。四月，刘敬远以破桓玄功为建威将军、江州刺史。五月，刘毅与桓玄大战于峥嵘洲，玄寻为益州都护冯迁所斩。 卢循攻陷广州，称平南将军	三十六岁	渊明服丧而毕，作刘裕镇军参军，东下赴京口。作《始作镇军参军经曲阿作》诗
晋安帝义熙元年乙巳（405 年）	正月，刘毅破江陵。三月，何无忌奉安帝东还建康。四月，刘裕归藩京口，刘敬宣自解江州刺史。 鲍照生	三十七岁	渊明为刘敬宣建威参军，三月，奉敬宣之命使都。作《乙巳岁三月为建威参军使都经钱溪》诗。 《杂诗》第九、十、十一首约作于本年春天。 八月，为彭泽令。十一月，程氏妹丧于武昌，作《归去来兮辞（并序）》，弃官归田
晋安帝义熙二年丙午（406 年）	十月，论匡复之功，封车骑将军刘裕豫章郡公，抚军将军刘毅南平郡公，右将军何无忌安城郡公。其余封赏各有差	三十八岁	作《归园田居》五首。 《归鸟》《止酒》《闲情赋》约作于本年

续表

年份	时事		陶渊明年谱
晋安帝义熙三年丁未（407年）	—	三十九岁	五月，程氏妹服制再周，渊明作《祭程氏妹文》。 《读山海经》十三首、《酬刘柴桑》、《蜡日》诗约作于本年（龚斌观点）
晋安帝义熙四年戊申（408年）	刘毅等不欲刘裕入朝辅政，议以中领军谢混为扬州刺史。裕用参军刘穆之计，至京师，乃为侍中、扬州刺史、录尚书事	四十岁	自春至夏，作《停云》《时运》《荣木》诗。 《连雨独饮》亦为本年所作。 六月遭回禄之变，旧居燔毁殆尽，暂栖舟中。七月中作《戊申岁六月中遇火》诗
晋安帝义熙五年己酉（409年）	二月，南燕将慕容兴宗犯晋宿豫，大掠牲口而去。慕容超又遣公孙归略济南，亦俘男女千余人。彭城以南，民皆堡聚以自固。三月，刘裕抗表伐南燕。六月，大破慕容超于临朐	四十一岁	徙居西庐。 作《己酉岁九月九日》诗。 刘遗民邀渊明入庐山。作《和刘柴桑》诗辞谢之。 《酬刘柴桑》约作于本年（邓安生观点）
晋安帝义熙六年庚戌（410年）	刘裕攻陷南燕京都广固，获其主慕容超。 卢循攻建康失利，败还交州	四十二岁	作《庚戌岁九月中于西田获早稻》诗及《责子》诗。 《赠长沙公》诗约作于本年
晋安帝义熙七年辛亥（411年）	二月，刘藩与孟怀玉追卢循至岭表，斩徐道覆。四月，卢循为交州刺史杜慧度所害	四十三岁	八月，从弟敬远卒。作《祭从弟敬远文》
晋安帝义熙八年壬子（412年）	刘毅自以复兴晋室，功业足与刘裕相抗，阴有图裕之志。九月，裕以诏书罪状刘毅，收毅弟刘藩、尚书仆射谢混，并赐死。既而帅师讨刘毅于江陵，毅兵败自杀。 是年，孟怀玉为江州刺史，省浔阳县入柴桑县，柴桑乃为郡治。 五月一日，慧远在庐山立佛像	四十四岁	—

年份	时事	陶渊明年谱	
晋安帝义熙九年癸丑（413年）	前将军诸葛长民及其弟辅国将军诸葛黎民贰于刘裕。裕自江陵还都，即并杀之。 七月，朱龄石伐蜀克成都，斩蜀王谯纵。 刘遗民不应征辟，刘裕以高尚人相礼，遂其初心。 九月，慧远作《万佛影铭》	四十五岁	五月，作《五月旦作和戴主簿》诗。 《形影神》诗三首作于本年或次年
晋安帝义熙十年甲寅（414年）	僧肇卒于长安	四十六岁	《形影神》诗三首或作于本年
晋安帝义熙十一年乙卯（415年）	刘裕率师讨司马休之，休之奔后秦。诏加刘裕太傅、扬州牧，剑履上殿，入朝不拜。 江州刺史孟怀玉卒。刘柳为江州刺史。颜延之为江州刺史刘柳后军功曹，居浔阳柴桑。 刘遗民卒	四十七岁	自上京故里移居南村，与殷晋安、颜延之等结邻。作《移居》诗二首
晋安帝义熙十二年丙辰（416年）	六月，江州刺史刘柳卒，檩韶继为江州。 春，殷晋安为刘裕太尉参军，自浔阳移家东下。八月，太尉刘裕伐后秦。十二月，诏以裕为相国、宋公。岁暮，颜延之奉使洛阳，庆贺刘裕。 檀韶请周续之出山，与祖企、谢景夷三人共在城北讲礼校书。 慧远卒	四十八岁	渊明作《与殷晋安别》诗相赠。 八月，作《丙辰岁八月中于下潠田舍获》诗。 渊明作《示周续之祖企谢景夷三郎》诗。 秋，作《饮酒》诗二十首。 有征诏著作郎，称疾不就，与刘遗民、周续之并称浔阳三隐。 《感士不遇赋》约作于本年前后。 示志之作《五柳先生传》当作于本年以后（邓安生观点）
晋安帝义熙十三年丁巳（417年）	九月，刘裕至长安，收秦主姚泓并其彝器送建康。十二月，闻刘穆之卒，以为根本无讬，决意归还	四十九岁	闻羊长史衔使秦川，贺平关中，作《赠羊长史》诗赠之。 《还旧居》诗作于本年。 《悲从弟仲德》诗约作于本年

续表

年份	时事	陶渊明年谱	
晋安帝义熙十四年戊午（418 年）	六月，刘裕受相国、宋公、九锡之命。十一月，关中复失。十二月，裕杀晋安帝司马德宗于东堂，立司马德文，是为晋恭帝。 是年，王弘以抚军将军为江州刺史。江州刺史王弘欲识渊明，不能致，乃令庞通之于庐山半道设酒邀之。 张野卒	五十岁	正月五日辛丑，渊明与邻曲同游斜川，作《游斜川》诗。 《九日闲居》诗作于本年或次年。 《杂诗》前八首、《岁暮和张常侍》《和胡西曹示顾贼曹》诗或作于本年
晋恭帝元熙元年己未（419 年）	七月，刘裕受宋王之命。九月，裕自解扬州牧，寻以其子义真为扬州刺史，镇石头	五十一岁	—
晋恭帝元熙二年宋武帝永初元年庚申（420 年）	六月，刘裕篡晋，称宋，改元永初，是为宋武帝。废晋恭帝司马德文为零陵王	五十二岁	九月，应江州刺史王弘之请，赴湓口饯客，即席赋《于王抚军座送客》诗。 《咏贫士》七首当作于本年前后。 《读史述九章》约作于本年
宋武帝永初二年辛酉（421 年）	九月，刘裕以毒酒一罂授前琅邪令张祎，使酖零陵王司马德文。祎自饮而卒。裕乃令兵人掩杀零陵王，又帅百官举哀，一依魏明帝服山阳公故事	五十三岁	春，有感于易代，作《拟古》九首。 作《述酒》诗。 《咏三良》《咏二疏》《咏荆轲》三诗约作于本年。（龙斌观点） 《与子俨等疏》约作于本年。 《桃花源诗（并序）》约作于本年
宋武帝永初三年壬戌（422 年）	正月，徐羡之为司空、录尚书事，江州刺史王弘以抚军将军进号卫将军。 五月，宋武帝刘裕卒，太子义符即帝位，是为少帝	五十四岁	本年，贫病交加，作《怨诗楚调示庞主簿邓治中》诗
宋少帝景平元年癸亥（423 年）	正月，改元景平	五十五岁	春，作五言《答庞参军》诗。 冬，作四言《答庞参军》诗

年份	时事		陶渊明年谱
宋少帝景平二年宋文帝元嘉元年甲子（424年）	五月，王弘、檀道济入朝，与徐羡之等共谋废立，废少帝义符为营阳王。六月，杀营阳王。八月，刘义隆即位，改景平二年为元嘉元年。 颜延之出为始安郡，经过浔阳，日造渊明饮酒。临去，留二万钱，渊明悉送酒家，稍就取饮	五十六岁	—
宋文帝元嘉二年乙丑（425年）	—	五十七岁	—
宋文帝元嘉三年丙寅（426年）	正月，徐羡之、傅亮等以废弑罪伏诛，王弘为司徒、录尚书事、扬州刺史。二月，谢晦伏诛。五月，檀道济为征南大将军、江州刺史	五十八岁	是年，贫病转剧。江州刺史檀道济往候之，馈以粱肉。渊明麾之而去。 《有会而作》诗作于本年。 《乞食》诗、《咏贫士》诗七首约作于本年
宋文帝元嘉四年丁卯（427年）	五月，京师疾疫。六月，京邑大水。十一月，散骑常侍陆子真荐渊明。 颜延之作《陶征士诔》	五十九岁	九月，作《挽歌诗》三首及《自祭文》。 将复征命，未及，卒于寻阳县之某里

注：本表以陶渊明岁数为序，对照当年的时代大事以及陶渊明的人生大事。有关陶渊明的出生年份并无直接史料记载。20世纪80年代初，宜丰学者凌诚沛主持组建了“陶渊明始家宜丰”研究小组，提出陶渊明生于公元365年的观点，这一推断结果深入人心；而袁行霈在《陶渊明享年考辨》一文中，根据史料分析提出陶渊明生于永和八年壬子（352年）；近年来，龚斌通过整合、梳理前人的研究成果，提出陶渊明生于公元369年更符合历史。本表根据邓安生编《陶渊明年谱》（1991年）和龚斌《陶渊明年谱考辨》（2018年）二书内容整理而成，有冲突之处采信龚斌版本，争议较大处注明观点出处（丧父时间暂采信更为通传的八岁之说，而非龚斌版本的十二岁）。

附录三：中国历代桃源图信息统计

	朝代	作者	图名	基本信息	场景			
					桃溪	洞穴	生活	消逝
1	唐之前	-	桃源图（已佚）	唐·舒元舆（？—835）《录桃源画记》中记载	○	○	F	×
2		-	桃源图（已佚）	唐·权德舆（759—818）《桃源篇》中记载	○	×	F	×
3		-	桃源图（已佚）	唐·韩愈（768—824）《桃源图》中记载	×	×	F	○
4	南宋	赵伯驹（生卒年份不详）	桃源图（已佚）	《石渠宝笈》卷六："宋赵伯驹《桃源图》一卷，素绢本，着色画，款署伯驹。幅前有秋碧、吴新宇珍藏印二印。"明·仇英、清·王炳有此画摹本	○	○	R	○
5		（传）马和之（生卒年份不详）	桃源图	台北故宫博物院藏，纸本白描，30 cm×349.6 cm	×	○	R	×
6		陈居中（生卒年份不详）	桃源仙居图卷	西泠2009秋拍品，绢本设色，36 cm×300 cm	○	×	R	×
7	元	王蒙（1308—1385）	桃源春晓图	台北故宫博物院藏，纸本设色，157.3 cm×58.7 cm	○	×	H	×
8	明	佚名（旧传赵伯驹）	桃花源图卷	美国波士顿艺术馆，绢本设色，33.3 cm×200 cm	×	×	H	×
9		沈周（1427—1509）	桃源图	大英博物馆藏，纸本设色，尺寸不详	○	○	R	×
10		周臣（1460—1535）	桃花源图	苏州市博物馆藏，绢本设色，175 cm×85.3 cm	○	○	R	×
11		张路（1464—1538）	桃源问津图	中央美术学院藏，绢本水墨，100.5 cm×150 cm	×	×	R	×

续表

	朝代	作者	图名	基本信息	场景			
					桃溪	洞穴	生活	消逝
12	明	仇英（约1505—约1552）	桃源仙境图	天津艺术博物馆藏，绢本设色，175 cm×66.7 cm	×	○	H	×
13			桃村草堂图	北京故宫博物院藏，绢本设色，150 cm×53 cm，（仿元·王蒙《桃源春晓图》格局）	○	×	H	×
14			桃源图	美国波士顿美术馆藏，纸本重彩，33 cm×472 cm（仿宋·赵伯驹《桃源图》格局）	○	○	R	○
15		文征明（1470—1559）	桃源问津图	辽宁省博物馆藏，纸本设色，23 cm×578.3 cm（仿宋·赵伯驹《桃源图》格局）	○	○	R	×
16			桃源别境图	台北鸿禧美术馆藏，纸本设色，28.5 cm×700 cm	○	○	H	×
17		陆治（1496—1576）	桃源图	辽宁省博物馆藏，纸本水墨，27.2 cm×119.5 cm	○	○	×	×
18			桃源图（1565年）	中央美术学院藏，绢本设色，125 cm×62 cm	×	○	R	×
19			桃源图（1567年）	上海博物馆藏，绢本设色，141.7 cm×62.6 cm	○	○	×	×
20			桃花源图	嘉德2007年四季第十期拍品，手卷绢本设色，31 cm×182 cm	○	○	R	×
21		钱穀（1508—？）	桃花源图卷	美国克利夫兰美术馆藏，纸本设色，尺寸不详	×	×	R	×
22		宋旭（1525—约1606）	桃花源图卷（1580年）	重庆中国三峡博物馆藏，绢本设色，26.3 cm×384 cm	○	○	R	×
23			武陵仙境图（1583年）	北京故宫博物院藏，扇面纸本设色，17.5 cm×53.5 cm	○	○	×	×

续表

	朝代	作者	图名	基本信息	场景			
					桃溪	洞穴	生活	消逝
24	明	丁云鹏（1547—1628）	桃花源图（1582 年）	上海博物馆藏，扇面洒金笺设色，尺寸不详	○	○	H	×
25		杨忠（生卒年份不详）	桃花源图	重庆中国三峡博物馆藏，绢本设色，172 cm×105.5 cm	×	×	H	×
26		李士达（生卒年份不详）	桃花源图	南京博物院藏，绢本设色，43.6 cm×364.2 cm	○	○	R	×
27		袁尚统（1570—约 1666）	桃源洞天图	北京故宫博物院藏，扇页金笺设色，16.5 cm×52.5 cm	○	○	H	×
28		张宏（1577—？）	桃源图	北京保利 2012 年第 20 期拍品，纸本设色，28 cm×332 cm	×	×	H	×
29		蓝瑛（1585—1664）	桃花源图	美国夏威夷檀香山艺术学院藏，绢本设色，尺寸不详，（仿元·王蒙《桃源春晓图》格局）	○	×	H	×
30			桃源仙境图/武陵源图	匡时 2008 年春拍品，绢本设色，226 cm×95.5 cm	○	×	H	×
31			桃花渔隐图	北京故宫博物院藏，绢本设色，189.6 cm×67.8 cm，（仿元·王蒙《桃源春晓图》格局）	○	×	H	×
32			桃源春霭图	青岛市博物馆藏，绢本设色，186.5 cm×86.2 cm	○	×	×	×
33	清	王翚（1632—1717）	桃源图（1670 年）	与恽寿平（1633—1690）书画合璧，刘良佑编《文物选粹》，设色，176 cm×47 cm	×	○	R	×
34			桃源图（1698 年）	南京经典 2016 年秋季拍品，设色，185 cm×51 cm	×	○	×	×
35			桃花渔艇图	台北故宫博物院藏，纸本设色，28.5 cm×43 cm	○	○	×	×

续表

	朝代	作者	图名	基本信息	场景			
					桃溪	洞穴	生活	消逝
36	清	上睿（1634—？）	桃源图	嘉德2010春季拍品，扇面纸本设色，19 cm×54 cm	○	○	×	×
37		顾符稹（1635—1718）	桃源图（1706年）	上海博物馆藏，册页绢本设色，34.1 cm×46.7 cm	○	○	R	×
38		石涛（1642—1708）	桃源图卷	美国弗利尔美术馆藏，纸本设色，尺寸不详	×	○	R	×
39		黄慎（1687—1772）	桃花源图（1764年）	安徽省博物馆藏，纸本设色，38 cm×349 cm	×	○	R	×
40		袁耀（生卒年份不详，约活跃于18世纪中期）	桃源图	北京故宫博物院藏，条屏绢本设色，220.2 cm×597 cm	○	○	R	×
41		王炳（生卒年份不详）	仿赵伯驹桃源图	台北故宫博物院藏，设色，35.1 cm×479.3 cm，（仿宋·赵伯驹《桃源图》格局）	○	○	R	○
42		张崟（1761—1829）	桃源图	《苏州潘氏收藏特展》，设色，尺寸不详	×	×	H	×
43		张培敦（1772—1846）	柳市桃源图	敬华上海2011十周年春季拍品，绢本设色，163 cm×83.5 cm	×	×	R	×
44		沈闳（生卒年份不详）	桃源图	佳士得纽约2015年9月中国书画专场拍卖会拍品，金笺设色，62.8 cm×40.6 cm	○	○	R	×

注：本表选取现今常见的各版本桃源图，以画家生辰排序（生卒不详的画家按照其活跃时期大致插入），整理绘画的基本信息及图中桃花源的场景信息。此表为笔者整理绘制。示例：○－有；×－无；F-Fairyland，仙境；R-Rurality，田园；H-Hermit，隐居。